Mein Kakadu

Foto

Name:

Alter: **Geschlecht:**

Erworben von:

am: **Gewicht:**

Besondere Merkmale:

Ringnummer:

Hinweise zur Pflege für die »Urlaubsvertretung«

Fütterungsplan:	Medikamente:	Sonstiges:

Anschrift des nächsten Tierarztes:

Telefonnummer:

Helmut Pinter

Unser Kakadu

Anschaffung · Pflege · Richtig füttern
Krankheiten verhüten
Freundschaft schließen

Kosmos
Gesellschaft der Naturfreunde
Franckh'sche Verlagshandlung
Stuttgart

CIP-Kurztitelaufnahme der Deutschen Bibliothek

Pinter, Helmut:
Unser Kakadu : Anschaffung, Pflege, richtig füttern, Krankheiten verhüten, Freundschaft schliessen / Helmut Pinter. — Stuttgart : Franckh, 1987.
ISBN 3-440-05727-5

Franckh'sche Verlagshandlung,
W. Keller & Co., Stuttgart/1987

Printed in Germany/Imprimé en Allemagne/LH 14 gb
ISBN 3-440-05727-5
Satz: Fotosatz Stephan, Stuttgart
Herstellung: Wilhelm Röck GmbH, Weinsberg

Mit 14 Farbfotos von H. Pinter (6), H. Bielfeld (2), W. de Grahl (4), H. Reinhard (1) und H. Schrempp (1) und 36 Schwarzweißzeichnungen von M. Golte-Bechtle (28), W. Weiß (4), S. Haag (2), Archiv (1) und der Firma Wagner & Keller (1), sowie 21 Vignetten von M. Golte-Bechtle.

Umschlag von Ulrich Kolb unter Verwendung zweier Farbfotos von H. Bielfeld (Vorderseite) und H. Reinhard (Rückseite).
Das Bild auf der Vorderseite zeigt einen Kleinen Gelbhaubenkakadu und Goffin's Kakadu, das Bild auf der Rückseite einen Großen Gelbhaubenkakadu.

Die Zeichnung auf S. 27 wurde uns freundlicherweise von der Firma Wagner & Keller, Ludwigsburg, zur Verfügung gestellt.

Unser Kakadu

Vorwort

Kleine Vorgeschichte

Der erste Kakadu, der lebend nach Europa gelangte und der sich geschichtlich nachweisen läßt, wurde um 1250 herum dem Kaiser des Heiligen Römischen Reiches, FRIEDRICH II. VON HOHENSTAUFEN, von einem Sarazenen-Sultan als Geschenk überbracht. FRIEDRICH II., ein Enkel FRIEDRICH BARBAROSSAS, war ein ausgezeichneter Vogelkenner, der in seiner Residenz mehrere Tiergehege und Fasanerien unterhielt. Um welche Art von Kakadu es sich bei diesem Geschenk gehandelt hat, ist nicht näher bekannt. Anhand der sarazenischen Handelsverbindungen zu dieser Zeit liegt jedoch die Vermutung nahe, daß es ein Kleiner Gelbhaubenkakadu *(Cacatua sulphurea)* war.

Etwas später findet man Angaben über die haubengezierten weißen Papageien in den Reiseberichten des Venezianers MARCO POLO (1254–1324), der diese Tiere als Käfigvögel in Südindien vorfand. Dies ist insoweit bemerkenswert, da einheimische Kakadus in Indien nicht vorkommen. Offenbar wurden diese Vögel als Haustiere von Indonesien nach Indien gebracht. Ein Hinweis auf Kakadus in ihren natürlichen Vorkommensgebieten findet sich in einem Reisebericht eines anderen Venezianers. NICOLO DE CONTI erwähnt in diesem Bericht von den Molukkeninseln (1441) neben anderen Papageien auch einen weißen Kakadu von der Größe eines Huhnes.

Die ersten wirklichen Beschreibungen dieser Vögel stammen aus der Feder des Züricher Stadtarztes und Naturforschers CONRAD GESNER (1516–1565) und des Italieners ULISSE ALDROVANDI (1522–1605). Die Abbildungen jedoch, die zu diesen Beschreibungen von ihnen veröffentlicht wurden, legen die Vermutung nahe, daß sie Kakadus nur vom Hörensagen kannten. Daß aber Kakadus zu dieser Zeit, wenn auch wahrscheinlich nur vereinzelt, lebend nach Europa gelangten, geht aus anderen Abbildungen hervor. So ist, um ein Beispiel zu nennen, auf dem unter dem Namen »Madonna della Vittoria« bekannten Gemälde, gemalt von ANDREA MANTEGNA 1496 in Mantua, ein Kleiner Gelbhaubenkakadu naturgetreu abgebildet. In größerer Anzahl kamen Kakadus jedoch erst nach Europa, nachdem Holländer und Engländer regelmäßigere Schiffsverbindungen nach Indonesien und Australien eröffnet hatten, d.h. etwa von 1700 an.

Kakadus

Die Kakadus sind eine Familie aus der Ordnung der Papageienvögel. Von den übrigen Papageien unterscheiden sie sich auch für den Laien deutlich durch ihre aufrichtbare Federhaube. Der häufig als Käfigvogel gehaltene Nymphensittich, der eine ähnliche Federhaube hat, ist sehr nahe mit den Kakadus verwandt. Mit Körperlängen von etwa 30–70 cm handelt es sich bei ihnen um verhältnismäßig große Papageien, und einige unter ihnen zählen zu den größten Papageien überhaupt. Als Stubenvögel sind bestimmte Arten von ihnen schon lange beliebt, und das nicht nur in Europa und den USA, sondern auch in ihren Heimatländern. Was ihr Sprachtalent betrifft, können sich Kakadus jedoch nur selten mit Amazonen oder gar Graupapageien messen, auch wenn es vereinzelt unter ihnen sehr gute Sprecher gibt. Neben ihrer eindrucksvollen Erscheinung schätzen Vogelfreunde besonders das in der Regel äußerst sanfte und gutmütige Wesen und die leichte Zähmbarkeit der Tiere. Richtig behandelt lernen manche von ihnen auch kleine Kunststücke, und solche »dressierten« Kakadus konnte man früher häufig auf Märkten oder als Varietékünstler sehen. Kakadus können ein erstaunlich hohes Alter erreichen, wobei die Lebenserwartung in etwa im Verhältnis zu ihrer Größe steht. Einzelne Exemplare der größten Arten sind in menschlicher Obhut nachweislich bis 90 Jahre alt geworden. Einmal eingewöhnt, sind die meisten von ihnen anspruchslos und leicht zu halten. Da sie in der Natur zu einem großen Teil von Sämereien und Früchten leben, bereitet auch ihre Ernährung in Gefangenschaft keine größeren Schwierigkeiten.

Kakadus sind wahrscheinlich auch die Großpapageien, die in Gefangenschaft am häufigsten brüten. Von manchen Arten gelingt die Nachzucht auch bei Liebhabern heute verhältnismäßig häufig. Dank der in Gefangenschaft nachgezogenen Vögel werden ab und zu auch einige australische Arten angeboten, deren Ausfuhr aus ihrem Heimatland nicht mehr erlaubt ist. Die Familie der Kakadus umfaßt insgesamt 17 Arten, die sich auf 5 Gattungen verteilen. Für den Vogelfreund in erster Linie von Interesse sind hiervon die sogenannten »weißen Kakadus« der Gattung *Cacatua.* Die 11 Arten dieser Gattung haben ein überwiegend weißes bzw. sehr helles Gefieder, und einige von ihnen haben ein reinweißes Federkleid. Von den Arten der übrigen

Gattungen wird nur noch der zur Gattung *Eolophus* gehörende Rosenkakadu mitunter als Stubenvogel gehalten. Die sogenannten »schwarzen Kakadus« wie Arakakadu *(Probosciger aterrimus)*, die Rabenkakadus *(Calyptorhynchus)* und der eigentümliche Helmkakadu *(Callocephalon fimbriatum)* sind heute entweder durch das Washingtoner Artenschutzabkommen geschützt bzw. ist ihre Ausfuhr entsprechend den australischen Bestimmungen verboten. Diese Arten dürfen nicht mehr gehandelt werden. In zoologischen Gärten kann man jedoch mancherorts diese Arten sehen, und bei einigen ist dort auch während der letzten Jahre die Nachzucht gelungen.

Kakadus in freier Natur

Das von Kakadus in der Natur bewohnte Gebiet läßt sich exakt umreißen, und ihre Verbreitung geht aus der Karte hervor. Außerhalb des natürlichen Verbreitungsgebietes sind noch zwei Kakaduvorkommen bekannt, die auf Aussetzungen durch den Menschen zurückgehen. So kommen in der Umgebung von Singapur heute Kleine Gelbhaubenkakadus vor, und in Neuseeland wurden Große Gelbhaubenkakadus eingebürgert.

Wildlebend trifft man Kakadus entweder in kleinen Gruppen oder mitunter auch in größeren Schwärmen an. Klima und Landschaft der Gebiete, in denen sie vorkommen, sind recht unterschiedlich: Neben Arten, die feuchtwarme Regenwaldgebiete zum Beispiel in Indonesien oder auf Neuguinea bewohnen, gibt es australische Arten, die in sehr trockenen Gebieten zu Hause sind! Alle Kakadus sind Höhlenbrüter, die in hohlen Baumstämmen und ähnlichem brüten. In teilweise vermulmten oder beschädigten Stämmen erweitern sie mit ihren kräftigen Schnäbeln kleinere Löcher auf das gewünschte Maß. Brütende Paare sondern sich häufig während der Brutzeit von ihren Artgenossen ab.

Alle Kakadus sind gute und ausdauernde Flieger, und die Bewohner trokkener Gebiete (wie zum Beispiel Rosenkakadus) können in großen Schwärmen weite Wanderungen unternehmen.

Die Nahrung wildlebender Kakadus ist äußerst abwechslungsreich. Neben Sämereien jeglicher Art, die sowohl unreif und grün als auch reif oder bereits angekeimt gefressen werden, nehmen sie viel grüne Pflanzenteile auf. Manche von ihnen fressen auch

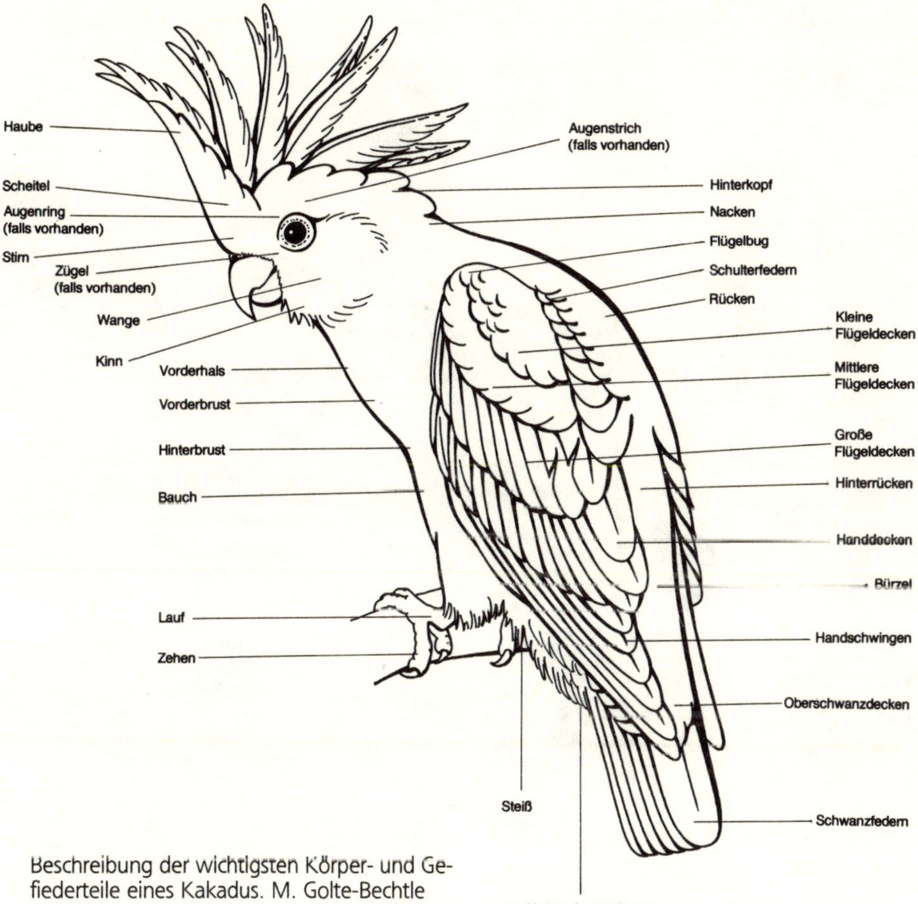

Beschreibung der wichtigsten Körper- und Gefiederteile eines Kakadus. M. Golte-Bechtle

Insekten. Besonders die aus ausgesprochen trockenen Gebieten stammenden Arten ersetzen die Aufnahme von Wasser teilweise durch das Fressen grüner Pflanzenteile.

Wegen des oft einseitigen Nahrungsangebotes trockener Gebiete findet man unter den australischen Arten ausgesprochene Nahrungsspezialisten. Kakadus aus Regenwaldgebie-

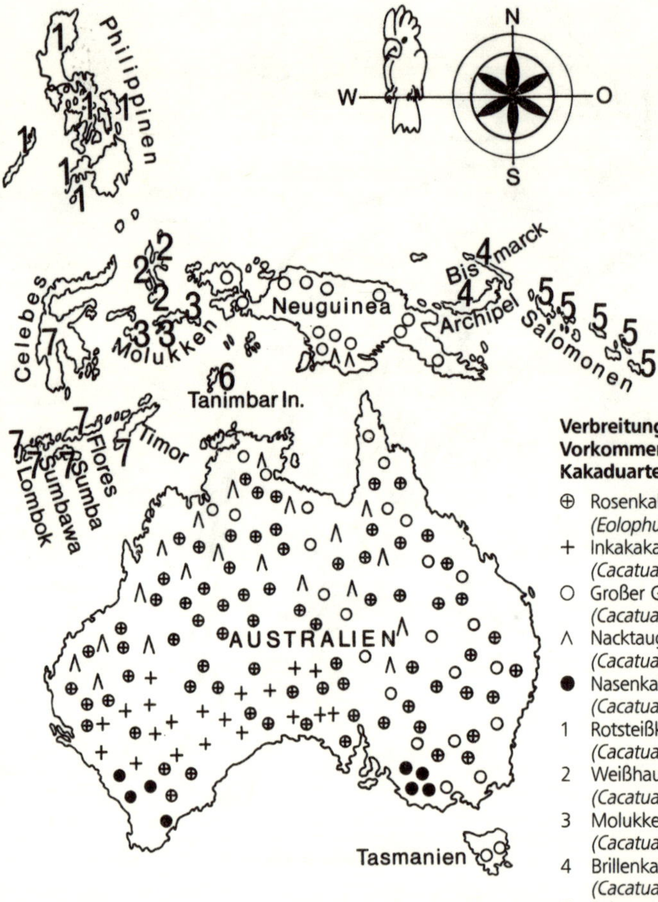

Verbreitungskarte über das Vorkommen der »hellen« Kakaduarten. W. Weiß

Rosenkakadu *(Eolophus roseicapillus)*
Inkakakadu *(Cacatua leadbeateri)*
Großer Gelbhaubenkakadu *(Cacatua galerita)*
Nacktaugenkakadu *(Cacatua sanguinea)*
Nasenkakadu *(Cacatua tenuirostris)*
1 Rotsteißkakadu *(Cacatua haematuropygia)*
2 Weißhaubenkakadu *(Cacatua alba)*
3 Molukkenkakadu *(Cacatua moluccensis)*
4 Brillenkakadu *(Cacatua ophthalmica)*
5 Salomonenkakadu *(Cacatua ducorpsi)*
6 Goffin's Kakadu *(Cacatua goffini)*
7 Kleiner Gelbhaubenkakadu *(Cacatua sulphurea)*

ten und anderen Zonen mit abwechslungsreicher Flora sind, da eine vielseitige Nahrung zur Verfügung steht, weniger spezialisiert. Unter diesen weniger aufs Futter »spezialisierten« Arten findet man die am einfachsten zu haltenden Stubenvögel.
Im folgenden wollen wir die als Stuben- und Volierenvögel gehaltenen Kakadus etwas näher betrachten. Bei den Beschreibungen werden auch einige der nur selten anzutreffenden Arten berücksichtigt.

Inkakakadu

Cacatua leadbeateri

Der Inkakakadu kommt in den trockenen Gebieten des südlichen und westlichen Australien vor. Es gibt zwei Unterarten, die sich jedoch nur geringfügig unterscheiden. Bei der Unterart *C. l. mollis* fehlen die ein gelbes Band in der Federhaube bildenden Federn. Länge 38 cm. Hals, Brust und Bauch sind lachsrosa, die Schwingen oberseits weiß mit einer leicht rötlichen Tönung und unterseits lachsrosa. Haube rot, gelb und weiß. Die Geschlechter unterscheidet man sicher an der Färbung der Augeniris. Diese ist beim Männchen sehr dunkel, fast schwarz, beim Weibchen rotbraun.
Fast alle in Europa gehaltenen Vögel gehören der Nominatform *C. l. leadbeateri* an. Da die Ausfuhr dieser Vögel verboten ist und Ausfuhrgenehmigungen von den australischen Naturschutzbehörden nur für anerkannte Tierparks erteilt werden, sind Inkakakadus sehr selten. Ab und zu werden jedoch in Gefangenschaft vermehrte Vögel angeboten, die allerdings sehr teuer sind. Es wäre auch unverantwortlich, die wenigen in Europa vorhandenen Vögel dieser Art einzeln als Stubenvögel zu halten. Vorhandene Vögel sollten für Zuchtversuche reserviert sein. Nachzuchten sind schon häufiger gelungen.

Kleiner Gelbhaubenkakadu

Cacatua sulphurea

Der Kleine Gelbhaubenkakadu und seine Unterarten kommen auf Celebes und den kleinen Sundainseln vor. Die Unterarten sind, besonders wenn man ihre Herkunft nicht kennt, schwer zu unterscheiden. Lediglich die von der Insel Sumba stammende Unterart *C. s. citrinocristata* läßt sich aufgrund der orangefarbenen Federhaube sicher von den übrigen Unterarten unterscheiden und hat auch einen eigenen deutschen Namen: Sie wird Orangehaubenkakadu genannt.
Die Länge des Kleinen Gelbhauben-

kakadus kann bis 34 cm betragen, doch gibt es auch erheblich kleinere Exemplare. Oberseits ist das Federkleid weiß, die Unterseite der Schwingen und der Schwanzfedern ist gelb. Haube und Ohrenflecken sind gleichfalls gelb. Beim Orangehaubenkakadu sind die bei den anderen Unterarten gelb gefärbten Federn orangefarben. Augenring weiß. Der schwarzgraue Schnabel ist beim Männchen in der Regel bedeutend kräftiger als beim Weibchen. Sicher lassen sich jedoch geschlechtsreife Vögel an der unterschiedlichen Färbung der Augeniris unterscheiden, die beim Männchen fast schwarz, beim Weibchen rötlich-braun ist.
Der Kleine Gelbhaubenkakadu ist heute wahrscheinlich der am häufigsten gehaltene Kakadu. Seine Vermehrung ist schon öfter gelungen, und selbst in größeren Drahtkäfigen haben Gelbhaubenkakadus schon mit Erfolg gebrütet. Im Wesen sind die meisten von ihnen liebenswürdig und leicht zugänglich.

Großer Gelbhaubenkakadu
Cacatua galerita

Die Unterscheidung der in Australien vorkommenden Unterarten ist schwierig. Die aus Neuguinea und von den Aruinseln stammenden Unterarten unterscheiden sich von den australischen Vögeln durch eine etwas geringere Größe und eine andere Färbung des nackten Augenringes. Während die australischen Unterarten eine Länge von ca. 50 cm erreichen und weiße Augenringe haben, sind die Augenringe der beiden anderen Unterarten blau, und ihre Länge beträgt maximal 45 cm. Vögel australischer Herkunft haben außerdem nicht selten angedeutete gelbe Ohrenflecken. Die aus Neuguinea stammende Unterart *C. g. triton* wird als Tritonkakadu bezeichnet. Gefiederfärbung weiß, Schwingen und Schwanzfedern unterseits gelblich getönt.
Im Handel werden fast nur Tritonkakadus angeboten. Große Gelbhaubenkakadus werden meist schnell zahm, sind aber in ihren Beziehungen zum Menschen nicht selten an eine bestimmte Person gebunden. Dabei kann ihr großes Stimmvolumen im Haus leicht störend werden. Die Vermehrung ist bei Volierenhaltung nicht schwer, und ab und zu werden auch Nachzuchtvögel der australischen Unterarten in Fachzeitschriften angeboten.

☆

Brillenkakadu,
Blauaugenkakadu
Cacatua ophthalmica

Diese etwa 45 cm lang werdende Art mit breit angesetzter Federhaube (Rundhaube) und großem, intensiv blauem Augenring ist nicht im Handel. Die Ausfuhr des Brillenkakadus ist verboten, und die in Europa vorhandenen Exemplare befinden sich fast alle im Besitz von zoologischen Gärten. Dort ist jedoch ihre Nachzucht bereits mehrfach gelungen.

Molukkenkakadu
Cacatua moluccensis

Das Vorkommen dieser Art ist auf die südlichen Molukkeninseln begrenzt.
Länge bis 55 cm. Das Gefieder ist über den ganzen Körper zart lachsrosa getönt. Die Intensität der Rotfärbung ist jedoch sehr verschieden, und neben Exemplaren mit wundervoll rosa getöntem Federkleid kommen auch Vögel vor, deren Federn nur ganz schwach rötlich sind und die auf den ersten Blick fast weiß erscheinen. Die Ursachen der unterschiedlichen Gefiedertönung sind nicht genauer bekannt. Sicher weiß man, daß weder Alters- noch Geschlechtsunterschiede dafür verantwortlich sind. Die Haube ist vorne breit angesetzt (Rundhaube) und wird normalerweise angelegt getragen. Aufgerichtet wird sie nur im Erregungszustand, wenn die Vögel sich untereinander oder ihren Pfleger begrüßen, beim Imponieren usw. Die Haubenfedern sind unterseits intensiv rot. Im Gegensatz zu anderen »weißen Kakadus« lassen sich die Geschlechter bei Molukkenkakadus nicht an der Augenfarbe unterscheiden.
Im Handel werden Molukkenkakadus ziemlich regelmäßig angeboten. Kann man einen Jungvogel erwerben, so werden Molukkenkakadus auch schnell zahm. Gelungene Nachzuchten sind bisher nur wenige bekanntgeworden.

Weißhaubenkakadu
Cacatua alba

In der Gestalt dem Molukkenkakadu ähnlich, doch etwas kleiner und im Gefieder rein weiß, bewohnt der Weißhaubenkakadu die nördlicheren Inseln der Molukkengruppe.
Länge bis 45 cm. Auch die sehr große Rundhaube ist rein weiß. Lediglich die Unterseite der Schwingen und der Schwanzfedern ist ganz leicht gelblich getönt.
Obwohl auch diese Art ziemlich regelmäßig angeboten wurde, ist sie nie

ähnlich populär geworden wie der Molukkenkakadu. Dabei werden selbst ältere Wildfänge dieser Art meist schon nach kurzer Zeit zahm, und man findet unter ihnen auch leidliche Sprecher. Wie kaum bei einem anderen Kakadu haben sich Berichte über erfolgreiche Nachzuchten in den letzten Jahren gehäuft. Unter den mit Erfolg brütenden Vögeln befanden sich erstaunlich oft auch Exemplare, die schon viele Jahre lang als Stubenvögel gehalten wurden, aber auch erst im Jahr zuvor importierte Wildfänge.

Rotsteißkakadu
Cacatua haematuropygia

Dieser kleine, nur gut 30 cm lang werdende Kakadu ist ein typischer Waldbewohner, der überall auf den Philippinen angetroffen wird, wo die ursprüngliche Vegetation noch vorhanden ist. Die Färbung des Gefieders ist bei ausgewachsenen Vögeln weiß mit einem lediglich angedeuteten gelben Ohrenfleck. Die kleine Haube ist vorne breit angesetzt und wird meist angelegt getragen. Die Haubenfedern sind in ihrem unteren Teil gelb. Steißfedern rot, Schwanzfedern unterseits gelb. Die Geschlechter lassen sich an der Augenfärbung sicher unterscheiden, die Augeniris ist beim Männchen dunkelbraun, beim Weibchen rotbraun. Die Rotfärbung des Steißgefieders bildet sich erst mit beginnender Geschlechtsreife aus, bei Jungvögeln sind diese Federn bis zu einem Alter von gut zwei Jahren hell lachsrosa.
Diese früher sehr seltene Art ist während der siebziger und achtziger Jahre häufiger angeboten worden. Junge Exemplare werden schnell zahm, und ihre nicht sonderlich laute Stimme lassen sie nur selten hören. Als Volierenvögel sind sie recht lebhaft. Leider ist die Haltung dieser Art nicht einfach, und Störungen beim Federwechsel — deren Ursachen bis heute nicht geklärt werden konnten — sind bei ihnen häufig. Ein weiteres Problem ist bei Zuchtversuchen die häufig große Aggressivität der Männchen den Weibchen gegenüber.

Goffin's Kakadu
Cacatua goffini

Mit einer Länge von maximal 29 cm der kleinste Kakadu. Gefiederfärbung überwiegend weiß. Kopfgefieder und die kleine Rundhaube sind zart rötlich getönt. Schwingen und Schwanzfedern unterseits gelblich. Der nackte Augenring ist leicht bläulich und die Augeniris beim Männchen schwarz,

beim Weibchen bräunlich-rot. Schnabel und Füße sind hell hornfarben.
Junge Exemplare werden äußerst anhänglich. In seinem natürlichen Lebensraum ist der Bestand dieses Kakadus leider durch den Waldraubbau auf den Tanibarinseln bedroht. Bei dieser Art bestehen jedoch gute Aussichten, in absehbarer Zeit in Europa von Importen unabhängige Volierenstämme aufzubauen, da es sich gezeigt hat, daß die Vermehrung dieser Art bei Volierenhaltung verhältnismäßig einfach ist. Trotz ihrer geringen Größe haben sie ein sehr starkes Nagebedürfnis, das bei der Volierenkonstruktion berücksichtigt werden muß.

Salomonenkakadu

Cacatua ducorpsi

Länge bis 31 cm. Gefiederfärbung rein weiß, lediglich die Unterseite der Schwanzfedern und der Schwungfedern mit schwach gelblicher Tönung. Der nackte Augenring und die Füße sind weißlich-grau. Augeniris beim Männchen schwarz, beim Weibchen rötlich.
Dieser von den Salomoninseln stammende Kakadu ist bisher nur äußerst selten nach Europa eingeführt worden. Über Nachzuchten in Gefangenschaft ist bisher nichts bekannt.

Nacktaugenkakadu

Cacatua sanguinea

Länge 38 cm. Färbung des Gefieders überwiegend weiß, mit zart rötlich getönten Federn an Kopf und Kehle. Kleine Rundhaube. Besonders auffallend ist der breite, nackte Augenring von grauer bis graublauer Färbung. Schnabel und Füße hell hornfarben.
Im Handel werden fast nur Vögel der von Neuguinea stammenden Unterart *C. s. normantoni* angeboten. Von der in Australien lebenden Nominatform *C. s. sanguinea* unterscheiden sie sich durch die weniger ausgeprägte Rotfärbung an Kopf und Kehle. Da bei Volierenhaltung von *C. s. sanguinea* die Zucht häufiger gelingt, werden in Fachzeitschriften ab und zu auch Exemplare der Nominatform angeboten. Die Geschlechter lassen sich an der Färbung der Augeniris kaum unterscheiden. Kann man einige Vögel vergleichen, so lassen sich die Weibchen jedoch meist an ihrer etwas geringeren Größe, der schmaleren Schnabelwurzel und dem schmaleren Augenring erkennen. Trotz ihres durch den breiten, nackten Augenring bedingten griesgrämigen Aussehens können Nacktaugenkakadus sehr liebenswürdige Hausgenossen sein. Jungvögel werden schnell zahm und zum Teil leidliche Sprecher.

Arten

Nasenkakadu

Cacatua tenuirostris

Neben dem schon erwähnten Brillenkakadu und dem Salomonenkakadu ist dies die dritte Art »weißer Kakadus«, die für den Vogelliebhaber kaum in Frage kommt. Die stark in ihrem Bestand bedrohten wildlebenden Stämme sind streng geschützt, und ihre Ausfuhr ist verboten. Die wenigen in Europa vorhandenen Tiere befinden sich meist im Besitz von zoologischen Gärten. Nachzuchterfolge in Gefangenschaft sind bisher selten.

Nasenkakadus haben ein weißes Gefieder und an der Vorderseite des Halses einen roten Querstreifen. Zwischen der Wurzel des Oberschnabels bis zum nackten Augenring verläuft gleichfalls eine rote Zone. Der ungewöhnlich lange Oberschnabel wird als »Grabinstrument« benutzt. Größe bis 40 cm.

Rosenkakadu

Eolophus roseicapillus

Rosenkakadus gehören zu einer anderen Gattung als die bisher besprochenen Kakadus. Sie sind jedoch nahe mit den Arten der Gattung *Cacatua* verwandt und wurden schon mit mehreren Arten dieser Gattung erfolgreich gekreuzt, so mit dem Inkakakadu, dem Großen Gelbhaubenkakadu und dem Kleinen Gelbhaubenkakadu. Außer der Nominatform *E. r. roseicapillus* ist eine weitere Unterart *E. r. assimilis* beschrieben. Für den Laien ist eine Unterscheidung der beiden Unterarten jedoch kaum möglich.

In der Natur leben Rosenkakadus über große Teile des australischen Kontinents verteilt und sind stellenweise recht häufig. Mancherorts sind sie den Menschen gefolgt und haben Parks und Gärten besiedelt. Da aber ihre Ausfuhr verboten ist, sind sie im Handel selten. In Fachzeitschriften werden jedoch von Zeit zu Zeit Jungvögel aus Volierennachzuchten angeboten. Bei Volierenhaltung ist ihre Zucht nicht besonders schwierig.

Länge bis 35 cm. Gefieder unterseits rosa, über den Nacken hin etwas kräftiger rot. Flügel, Rücken und Schwanz hellgrau. Die Federn auf der Stirn und die vorne breit angesetzte kleine

S. 17 oben: Inkakakadu mit aufgestellter Haube. Aufnahme H. Pinter.
S. 17 unten: Inkakakadu mit angelegter Haube. Aufnahme H. Pinter.

S. 18: Sieht er nicht prächtig aus, der Weißhaubenkakadu mit aufgestellter Haube? Aufnahme W. de Grahl.

Haube sind an ihrer Basis leicht rötlich, werden nach oben heller und sind im oberen Teil weiß. Schnabel hell hornfarben, Füße grau. Die Unterscheidung der Geschlechter ist bei ausgewachsenen Vögeln (d.h. etwa vom Ende des zweiten Lebensjahres an) einfach. Die Augeniris ist beim Männchen dunkelbraun, beim Weibchen rotbraun. Jungvögel bis zum zweiten Lebensjahr haben alle eine dunkle Iris. Ein weiteres Geschlechtsmerkmal bei dieser Art ist die unterschiedlich ausgebildete sogenannte »Augenrose«. Diese besteht aus einem nackten roten Augenring von etwas warziger Beschaffenheit und ist beim Männchen stärker ausgeprägt und gefärbt als beim Weibchen.

Jungvögel werden schnell zahm und lernen meist auch ein wenig sprechen. Ältere Vögel dagegen bleiben fast immer etwas scheu. Für Zuchtversuche ist dies jedoch ohne Bedeutung, denn auch derartig scheue Vögel haben nicht selten mit Erfolg gebrütet. Mir ist ein Fall bekannt, in dem Importvögel schon im Jahr nach ihrer Ankunft in der Voliere brüteten und Junge aufzogen.

Überlegungen vor dem Kauf

Die Anschaffung eines Haustieres sollte man sich sehr gründlich überlegen, besonders dann, wenn man keine Erfahrung in der Tierhaltung hat. Nichts wäre nämlich verkehrter, als der Schönheit oder dem Charme eines vielleicht sogar zahmen Kakadus in einer Zoofachhandlung zu erliegen und einer plötzlichen Eingebung folgend das Tier zu kaufen. Hat man nämlich keine Erfahrung und sich womöglich nicht einmal vorher über die Eigenheiten und Gewohnheiten eines solchen Vogels informiert, so kann es unbehagliche Überraschungen geben!

- Beim Erwerb eines Einzelvogels muß man sich darüber klar sein, daß Kakadus wie alle Papageien soziale Vögel sind, die ein großes Bedürfnis nach Geselligkeit haben. Werden sie als Einzelvogel gehalten, so muß der Mensch ihnen die Artgenossen erset-

zen. Dies ist natürlich nur dann möglich, wenn man meist zu Hause ist oder jemanden zu Hause hat. Den ganzen Tag allein gelassen, womöglich auch noch in einem kleinen Käfig eingesperrt, ist jeder Kakadu unglücklich. Hat man die notwendige Zeit nicht und möchte trotzdem nicht auf die Haltung eines Kakadus verzichten, so sollte man entweder gleich ein Paar erwerben oder zumindest für »passende« Gesellschaft sorgen. Kleinere Kakadus vertragen sich häufig gut mit anderen Papageien entsprechender Größe wie z.B. mit Amazonen oder Graupapageien. Fragen Sie Ihren Zoohändler, vielleicht kann er Ihnen gleich beim Kauf einen passenden »Spielkameraden« anbieten!

● Manche Kakadus, besonders die größeren Arten, haben ein beträchtliches Stimmvolumen und schreien, besonders wenn sie sich langweilen. Dies stört nicht nur die eigene Ruhe, sondern kann vielleicht auch Klagen von den Nachbarn einbringen. Es läßt sich auch im voraus nicht genau sagen, welcher Vogel ein Schreier ist oder wird, denn selbst unter den großen Arten gibt es Vögel, die fast nie von ihrem Stimmvolumen Gebrauch machen.

● Kakadus »stauben« mehr als die meisten anderen Papageien. Dieser »Staub« ist ein feiner Puder, der von besonderen Puderdunen abgesondert wird. Dieser Puder macht das Gefieder wasserabweisend und ersetzt bei Papageien die nicht vorhandene bzw. zurückgebildete Bürzeldrüse, mit deren Fett sich ja andere Vögel das Gefieder wasserabweisend machen. Besonders bei der Haltung größerer Arten legt sich dieser Puder bald als feine Schicht auf alle Gegenstände, die sich in der Nähe Ihres Kakadus befinden. Durch häufiges Duschen eines Kakadus kann man einem starken Herumfliegen des Federpuders entgegenwirken, wobei man damit auch dem Kakadu einen Gefallen tut, da sie fast alle sehr gerne duschen. Gänzlich läßt sich dieses Problem damit jedoch nicht lösen.

● Kakadus sind Holzzerstörer von hohem Rang, die jeden hölzernen Gegenstand schnell oder auch langsam, aber immer sehr systematisch in »Zahnstocher« verwandeln. Zwar nagen fast alle Papageien, da sie die Nagetätigkeit zur normalen Schnabelabnutzung benötigen, nur nagen Kakadus mehr als die meisten! Man muß also damit rechnen, daß die Sitzstangen im Käfig oft erneuert werden müssen, und — die Vögel dürfen natürlich auch nicht unbeaufsichtigt auf ein gutes Möbel gelangen!

● Einen Papagei sollte man nie mit der vorgefaßten Meinung erwerben,

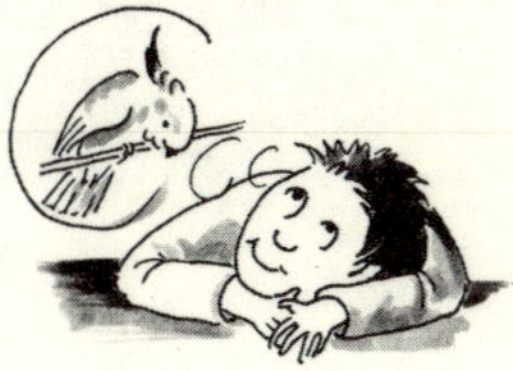

daß er ein guter Sprecher wird, am allerwenigsten einen Kakadu. Zwar kann man unter allen Arten ab und zu leidliche Sprecher finden, und die meisten von ihnen lernen als junge Vögel einige Worte. Im allgemeinen reicht jedoch ihr Nachahmungsbedürfnis nur selten an das von Amazonen heran, von Graupapageien ganz zu schweigen.
Nun kann man sich natürlich fragen: Warum hält man überhaupt Kakadus als Haustiere, und warum sind sie so beliebt?

Warum gerade ein Kakadu?

Will man die Eigenschaften, die Kakadus als Haustiere so beliebt gemacht haben, kurz zusammenfassen, so sei zunächst der ästhetische Eindruck genannt, den diese Vögel machen. Besonders die »weißen Kakadus« sind — vorausgesetzt, daß man Vögel mit fehlerfreiem Gefieder sieht — ein herrlicher Anblick. Andere Papageien mögen bunt und prächtig sein, Kakadus sind einfach schön! Dies darf jedoch nicht dazu verleiten, einen solch schönen Vogel als passendes Schmuckstück für eine noch freie Zimmerecke zu betrachten. Keinen Augenblick sollte man vergessen, daß es sich um ein lebendes Wesen handelt, das an seine Umgebung soziale Ansprüche stellt.

● Es gibt kaum andere Papageien, die so zugänglich sind wie Kakadus, was ganz besonders auch für die größeren Arten gilt. Auch wenn bei anderen Papageien viele Einzelexemplare zahm und zutraulich werden, so sind besonders bei Kakadus die Chancen gut, daß ein erworbener Vogel wirklich zahm wird. Selbst ältere Wildfänge werden in der Regel nach einiger Zeit und mit etwas Geduld fingerzahm, wobei jedoch nicht verschwiegen werden soll, daß diese Zahmheit oft personenbezogen ist.

● Für denjenigen, der als Gesellschaft ein typisches Streichel- und Kraultier sucht — aber weder Hund noch Katze halten kann —, kann ein Kakadu ideal sein. Voraussetzung ist jedoch, daß die betreffende Person sehr viel Zeit für ihren Pflegling hat. Auf keinen Fall reicht hierzu die Freizeit, die einem normal berufstätigen Menschen zur Verfügung steht, aus. Mir sind einige Fälle bekannt, in denen sich alleinstehende, berufstätige Personen einen Kakadu anschafften. Nach einiger Zeit begannen die am Tage allein gelassenen Vögel so zu schreien, daß die Nachbarn klagten. Um Rat gefragt, habe ich in solchen Fällen immer zur

Anschaffung eines zweiten Vogels geraten. Der Umstand, daß dies in den mir bekannten Fällen immer zum Erfolg führte, mag zeigen, wie wichtig für einen Kakadu die sozialen Kontakte sind. Nicht bei allen Exemplaren muß sich das Gefühl, allein und verlassen zu sein, in Schreien äußern. Andere Vögel wiederum werden apathisch oder fangen gar damit an, sich die Federn auszurupfen.

● Trotz ihrer gewaltigen Schnabelkraft beißen Kakadus nur äußerst selten. Die Gefahr, bei näherem Umgang gebissen zu werden, ist in der Praxis bei Graupapageien und Amazonen erheblich größer als bei Kakadus. Besonders die größeren Arten sind in ihrem Verhalten oft »Pazifisten reinsten Wassers«. Nur wenn sie brüten, können selbst sonst vollständig zahme Kakadus aggressiv werden, sogar ihrem sonst vertrauten Pfleger gegenüber.

● Da von »Brut« die Rede ist: Von allen Großpapageien erbrüten Kakadus in menschlicher Obhut am häufigsten Junge und ziehen sie auf. Dies ist sicher ein weiterer Grund, warum manche Papageienfreunde Kakadus anderen Arten vorziehen. Dabei fällt außerdem ins Gewicht, daß viele Kakaduarten recht klimahart sind und den größten Teil des Jahres in einer Freilandvoliere verbringen können. In klimatisch besonders günstigen Lagen können einige Arten sogar das ganze Jahr im Freien bleiben, wenn die Voliere ein Schutzhaus hat.

Kakadus putzen sich gegenseitig.
M. Golte-Bechtle

Wenn Sie nun nach reiflicher Überlegung zu dem Schluß kommen, daß ein oder mehrere Kakadus für Sie und Ihre Lebensumstände »die Haustiere Ihrer Wahl« sind, sollten Sie eine Anschaffung erwägen. Bedenken Sie dabei schließlich noch, daß ein Kauf bei dem Alter, das diese Vögel erreichen können, sehr wohl eine Anschaffung fürs Leben sein kann!

Ratschläge für den Kauf

Hat man sich zu einer Anschaffung entschlossen, so sollte man bedenken, daß jeder Erwerb eines lebenden Tieres problematisch ist, ganz besonders für einen Laien. Wenden Sie sich am besten an eine seriös geführte Fachzoohandlung, an einen gewerblichen oder privaten Züchter und lassen Sie sich dort beraten. Stehen Sie aber zunächst einmal allzu präzisen Angaben das Alter eines angebotenen Kakadus betreffend skeptisch gegenüber, denn nur in ganz seltenen Ausnahmefällen ist das Alter wirklich bekannt. Nur bei den Jungvögeln einiger Arten ist bis etwa zum zweiten Lebensjahr für ein geübtes Auge der Jungvogel an der Augenfärbung zu erkennen (vergleiche Artbeschreibungen). Bei allen übrigen Vögeln ist eine sichere Altersbestimmung selbst für einen Spezialisten nicht möglich. Eine Ausnahme stellt nur die seltene Situation dar, bei der ein Erwerb von Jungvögeln aus der Volierennachzucht eines seriösen Züchters möglich ist. Hat man als Laie die Möglichkeit, einen Vogelfreund aus seinem Bekanntenkreis als Ratgeber beim Einkauf mitzunehmen, so ist das ein Vorteil, fallen doch dem geübten Auge gewisse »Fehler« sofort auf, die dem ungeübten Auge verborgen bleiben. Vor allen Dingen aber: Lassen Sie sich beim Einkauf Zeit, beobachten Sie den betreffenden Vogel aus Distanz und möglichst auch zu verschiedenen Tageszeiten. Kakadus haben nämlich im Laufe des Tages aktive und passive Perioden. Mitten am Tage halten sie ihre Siesta, und in den frühen Morgenstunden und am späten Nachmittag sind sie besonders aktiv. Tritt man aber zu nahe an den Käfig heran, so wird sich jeder Kakadu strecken und sein Gefieder anlegen.

Auf folgende Punkte sollte man besonders achten:

● *Gefieder* Das Gefieder darf keine kahlen Stellen aufweisen. Bei aus einer Quarantäne kommenden Vögeln sind die Federn häufig etwas zerzaust, was ohne Bedeutung ist. Im Gefieder sollten jedoch keine neu nachgebildeten Federn von »verkrüppelter Form« vorkommen. Sogenannte »Blutkiele«, d. h. neue Federbildungen, die noch geschlossen sind, dürfen keine dunkle oder schwarze Färbung aufweisen.

● *Nasenlöcher* sollen offen und trokken sein. Vögel mit »Triefnase« oder mit verklebten Nasenlöchern sollte man nicht kaufen.

● *Schnabel* Ober- und Unterschnabel sollen mit ihren Rändern gleichmäßig aufeinander aufliegen. Von vorne betrachtet soll eine gedachte Mittel-

linie senkrecht durch Ober- und Unterschnabel verlaufen.

● *Füße und Krallen* Am normalen Papageienfuß greifen die Zehen 1 und 4 nach hinten, die Zehen 2 und 3 nach vorne. Die aus Horn bestehenden Bein- und Zehenschilder sollen gleichmäßig sein und keine stark erhöhten Kanten haben. Auf Vollständigkeit von Zehen und Krallen achten. Schäden an Zehen oder Krallen, wie z.B. eine fehlende Zehe, kommen bei Papageien öfter vor. Für einen »Gesellschaftsvogel« sind solche Schäden von untergeordneter Bedeutung – aber Grund für eine Preisermäßigung. Bei für Zuchtversuche bestimmten Vögeln können Fußfehler beim Männchen eine Paarung erschweren oder unmöglich machen.

Schlafstellung eines Kakadus. M. Golte-Bechtle

● *Augen und Augenränder* Die Augen sollen klar sein und die Augenränder sauber. Vögel mit tränenden Augen oder schorfigen, verklebten Augenrändern kauft man nicht.

● *Kot* gesunder Papageien ist fest und hat eine weiß-grünliche Färbung. Erschreckte Vögel, z.B. nach dem Einfangen oder Ergreifen, neigen jedoch zu Durchfall.

● Feststellung der *allgemeinen Körperverfassung* ist wegen des Federkleides für einen Laien nicht einfach. Ein Vogel mit normalem Körperzustand hat eine gewölbte Brust, und sein Brustbein soll von den Brustmuskeln rund überdeckt sein. Nur bei ganz zahmen Vögeln kann man dies untersuchen, ohne sie dabei festzuhalten. Eine Gewichtskontrolle, sonst bei Papageien eine gute Kontrollmethode, ist bei Kakadus wegen der häufig bedeutenden Größenunterschiede innerhalb derselben Art nur begrenzt anwendbar. Folgende Körpergewichte wurden bei Kakadus als »Normalgewicht« festgestellt: Goffin's Kakadu 200 bis 250 g, Kleine Gelbhaubenkakadus und Rotsteißkakadus 250 bis 340 g, Nacktaugenkakadus 280 bis 380 g, Große Gelbhaubenkakadus 700 bis 900 g, Molukkenkakadus 750 bis 950 g, Weißhaubenkakadus 550 bis 700 g. Wenn man einen Kakadu im Käfig wiegt und anschließend das Gewicht des Käfigs feststellt – oder umgekehrt–, kann man das Gewicht ermitteln, ohne den Vogel zu erschrecken.

Gesetzliche Vorschriften

Alle importierten Papageien unterliegen nach ihrer Ankunft einer gesetzlich vorgeschriebenen Quarantäneperiode, während der die Vögel isoliert untergebracht werden. Die Dauer der Isolierung beträgt zur Zeit in der Bundesrepublik Deutschland und in der Schweiz 8 Wochen, in Österreich 4 Wochen. Während der Quarantäneperiode werden die Vögel einer vorbeugenden Behandlung mit bestimmten Antibiotika (Tetracyclinen) unterzogen. Damit soll einer Einschleppung von für Haustiere und Menschen gefährlichen Krankheiten vorgebeugt werden. Legal eingeführte und quarantänierte Papageien erhalten einen geschlossenen Fußring mit laufender Nummer. Dieser Ring, Beweis einer legalen Einfuhr, sollte ohne zwingenden Grund nicht entfernt werden. Sollte eine Entfernung des Ringes notwendig sein – oder, was bei den größten Kakadus auch vorkommen kann, sollte es dem Vogel selbst gelingen, den Ring zu durchbeißen –, so ist dieser bzw. seine Reste aufzubewahren. Beim Erwerb im Zoofachhandel oder bei einem anerkannten Züchter werden die Ringnummer sowie der Name und die Anschrift des Käufers in ein Nachweisbuch eingetragen. Zuchtversuche mit Papageien sind in der Bundesrepublik Deutschland meldepflichtig. Zuständig sind die Kreis- bzw. Stadtverwaltungen.

Privatpersonen können ihren Kakadu mit auf eine Auslandsreise nehmen, ohne daß der Vogel bei seiner Rückkehr erneut in eine Quarantäne muß. Die »Papageieneinfuhrverordnung« (BGBl. I. S. 653) vom 3. 3. 1975 enthält für Privatpersonen eine Ausnahmebestimmung, nach der es erlaubt ist, bis zu drei Papageien mit ins Ausland zu nehmen und von dort wieder in die Bundesrepublik Deutschland einzuführen. Dazu ist eine amtliche

Bescheinigung mit Angaben über den Papageienbesitzer und den mitgeführten Papagei und seine Ringnummer erforderlich. Diese Bescheinigung ist bei Aus- und Einreise der Zollbehörde vorzulegen. Die Gültigkeit dieser Bescheinigung beträgt maximal 12 Monate. In der Schweiz und in Österreich bestehen ähnliche Regeln. Nähere Auskünfte erteilen Zoll- und Veterinärbehörden. Bei Reisen durch ein oder mehrere Transitländer ist es jedoch anzuraten, bei den betreffenden Konsulaten anzufragen, ob die Mitführung von Papageien erlaubt ist. Die diesbezüglichen Bestimmungen sind nämlich in Europa nicht ganz einheitlich. Bekommt man dann bei einem Grenzübergang während einer Campingreise Schwierigkeiten wegen mitgeführter Papageien, so ist das sehr unangenehm.

Wohin mit dem Untermieter?

Der richtige Papageienkäfig

Zum Thema Unterbringung sei grundsätzlich festgehalten, daß ein Papageienkäfig häufig zu klein ist, aber niemals zu groß sein kann. Besonders gilt dies für so lebhafte Vögel, wie es die meisten Kakadus sind. Papageienkäfige mit einer Grundfläche von 45 × 45 cm und einer Höhe von 60–70 cm können selbst für kleinere Arten nur dann verwendet werden, wenn die Vögel den Käfig regelmäßig für eine Weile verlassen können. Einen so lebhaften und mit einem wohlentwickelten Gehirn ausgerüsteten Vogel wie einen Kakadu dauernd in einen kleinen Käfig einzusperren, ist schlichtweg Tierquälerei. Dagegen kann ein Käfig mit einer Grundfläche von etwa 80 × 60 cm und einer Höhe von 90–100 cm sowohl für ein Pärchen der kleineren Arten als auch für die Einzelhaltung eines großen Kakadus ausreichen. Aber auch bei dieser Käfiggröße ist es gut, wenn zumindest zahme Vögel den Käfig zeitweise verlassen können.

Besteht die Möglichkeit, zwischen

senkrecht und waagrecht vergitterten Käfigen zu wählen, so sind für Kakadus waagrecht vergitterte Käfige vorzuziehen, da sie daran besser klettern können. Das Unterteil des Käfigs einschließlich der Bodenschublade sollte möglichst aus Metall bestehen. Käfigunterteile aus Hartplastik und ähnlichem Material können nur bei den kleinsten Arten verwendet werden. Überhaupt muß man beim Kauf eines Käfigs für einen Kakadu auf eine sehr stabile Ausführung achten, sind doch manche Exemplare, besonders der größeren Arten, Meister in der »Demontage« von Käfigen.

Die **Sitzstangen** im Käfig müssen so dick sein, daß der Vogel die Stange mit dem Fuß nur zu etwa zwei Dritteln umspannt. Nur dann nützen sich die Krallenspitzen auf natürliche Weise am Holz ab, und es kann nicht zu übermäßigem Krallenwuchs kommen (siehe Bild S. 28). Sitzstangen werden von den meisten Vögeln auch schnell zernagt und müssen regelmäßig erneuert werden. Bei gewissen »Exemplaren« ist es zweckmäßig, Sitzstangen aus Hartholz wie z.B. Rotbuche oder Eiche zu verwenden. Auf keinen Fall sollte man bei starken »Nagern« Sitzstangen aus Holz durch anderes Material (z.B. Metallrohre) ersetzen. Das »Nagen« ist bei allen Papageien für die normale Schnabelab-

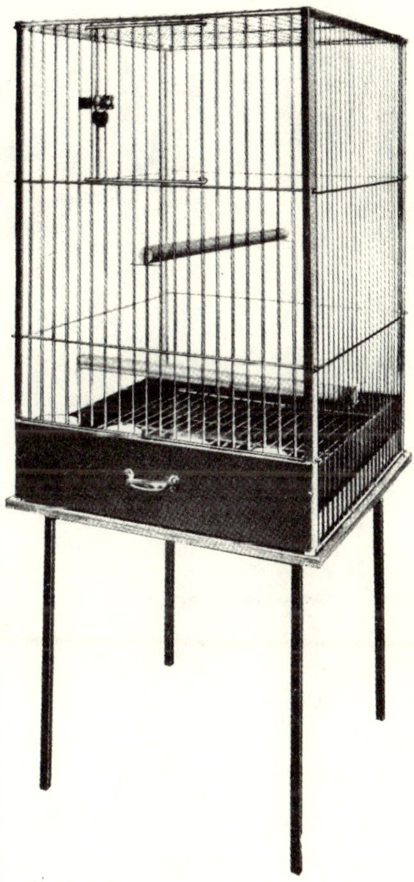

Handelsüblicher Kakadukäfig (Firma Wagner und Keller, Ludwigsburg)

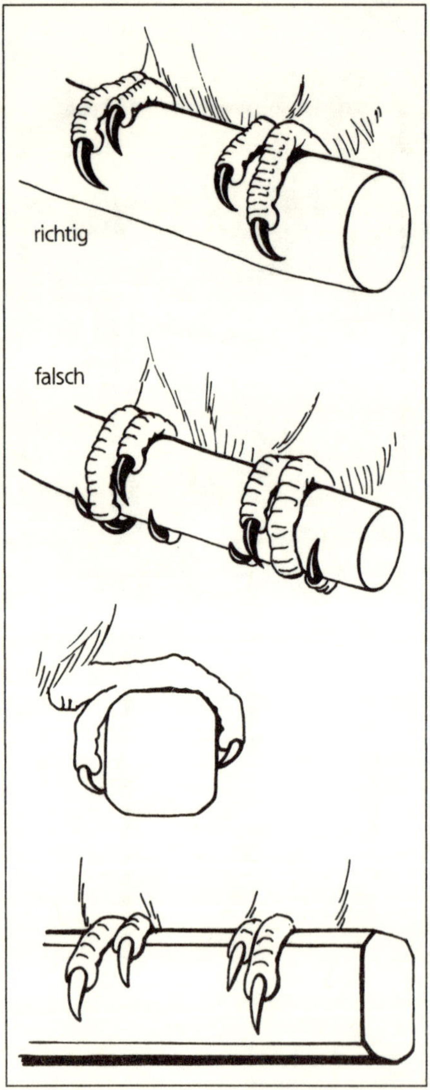

nutzung notwendig. Werden sie am Nagen gehindert oder finden sie keine Nagemöglichkeit, so ist häufig übermäßiger Schnabelwuchs oder Schnabeldeformation die Folge. Kleinere Kakadus wie der Rosenkakadu oder der Kleine Gelbhaubenkakadu nagen kaum mehr als Amazonen oder Graupapageien. Bei den größeren Arten wie Molukkenkakadus, Weißhaubenkakadus und Großen Gelbhaubenkakadus jedoch kann es notwendig sein, besonders festes Holz für Sitzstangen zu verwenden. Ein ausgezeichnetes Material, welches die Haltbarkeit von Hartholz bei weitem übertrifft, sind luftgetrocknete Stammstücke von Wacholderbüschen. Sie sind nicht nur hart, sondern außerdem sehr zäh, so daß unser »Krummschnabel« etwas zu beißen hat.

Ein zweckmäßiger Käfig sollte mit von außen leicht herausnehmbaren Futternäpfen versehen sein. Die Futternäpfe, am besten nicht nur zwei, sondern vier, sollten entweder aus Steingut oder aus rostfreiem Stahl bestehen.

Die Sitzstangen für einen Kakadu müssen so dick sein, daß der Vogel die Stange mit dem Fuß nur etwa zu $\frac{2}{3}$ umspannt.

Bei viereckigen Sitzstangen mit abgerundeten Ecken werden die Krallen optimal abgenutzt. M. Golte-Bechtle

Unterbringung

Kletterbaum und Klettergestell

Auf dem Käfigdach bringt man am besten ein Klettergestell aus mehreren kreuzweise angeordneten Sitzstangen an. Alle Sitzstangen sollen auch hier so dick sein, daß der Fuß unseres Vogels sie nicht ganz umspannt (siehe S. 28). Bei zu dünnen Sitzstangen kommt es leicht zu übermäßigem Krallenwuchs, da die Krallenspitzen frei überstehen und nicht abgenutzt werden.

Zu wenig Nagemöglichkeiten und falsche Ernährung führen oft zu einem ungleichen Schnabel (»Schiefbeißer«). M. Golte-Bechtle

Läßt es der Platz zu, so kann man anstelle des Klettergestells neben dem Käfig einen Kletterbaum aufstellen. Als Kletterbaum eignen sich knorrige Äste von harten Laubhölzern wie Eiche, Buche, Ahorn oder auch Föhrengipfel. Als Fuß für einen solchen Kletterbaum kann ein größerer Christbaumständer oder der Fuß eines Garten-Sonnenschirmes verwendet werden.

Die Voliere

Überlegen Sie, ob sich eine für die Käfigaufstellung vorgesehene Ecke nicht als Zimmervoliere ausbauen läßt. Eine Voliere gibt nicht nur unserem Hausgenossen mehr Bewegungsfreiheit, sie ist auch die ideale Unterbringung für eventuelle Zuchtversuche. Am einfachsten ist ein Volierenbau, wenn zwei feste Wände vorhanden sind. Selbst wenn nur ein einziger Quadratmeter Bodenfläche zur Verfügung steht, so erhält man bei einer Raumhöhe von ca. 2,5 m eine Voliere, die jedem Käfig vorzuziehen ist. Da aber Kakadus mit Gips oder Kalk verputzte Wände kaum in Frieden lassen, müssen die Zimmerwände verkleidet werden. Verkleidet wird entweder mit

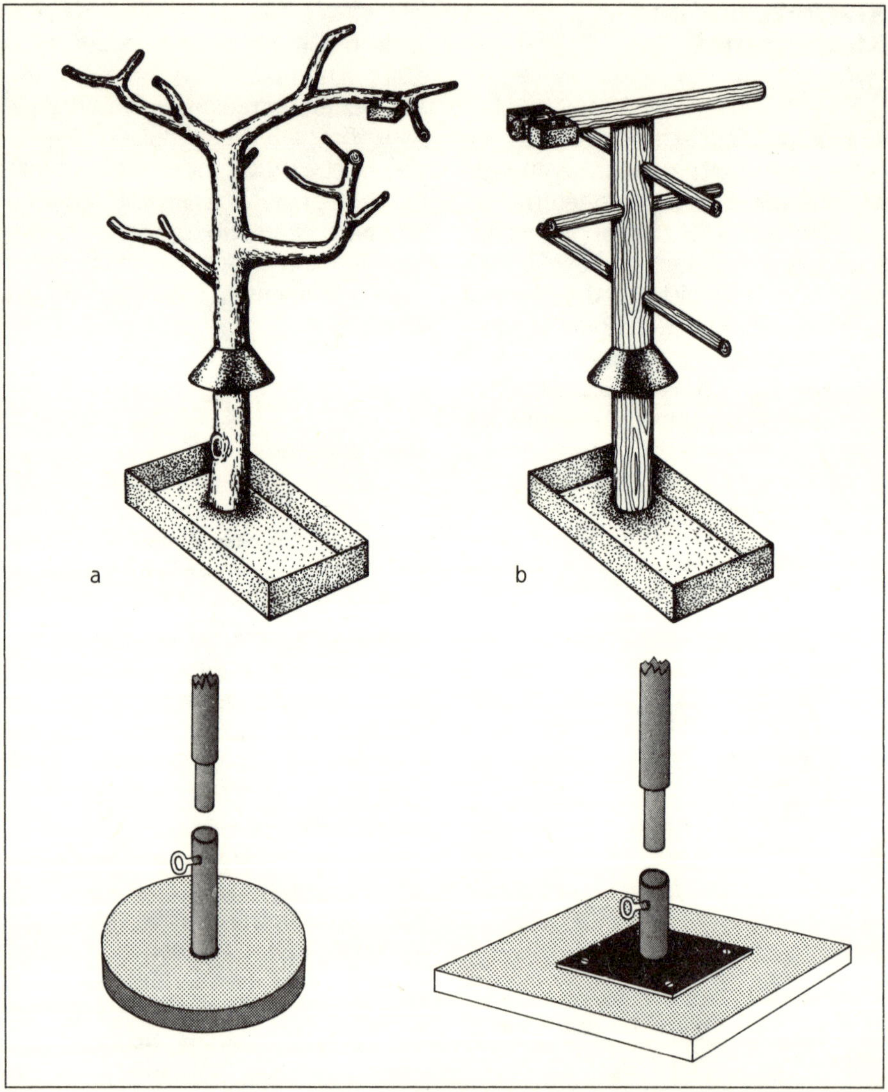
a
b

Blech oder — wenn nur kleinere Arten gehalten werden sollen — mit Resopal. Resopal ist eine Melaninharzplatte und wird zum Beispiel als Auflageschicht von Küchenmöbeln verwendet. Diese etwa 1 mm starken Resopalscheiben sind in verschiedenen Farben im Baumaterialienhandel erhältlich. Bei Verwendung dieser Platten müssen die freien Kanten mit Profilleisten aus Metall gesichert werden. Hat man keine Erfahrung, wie eine Wandverkleidung auszuführen ist, sollte man unbedingt einen Fachmann um Rat fragen. Fragen Sie auch Ihren Zoohändler — sicher hat er Erfahrung bei Bau und Planung von Volieren oder kann Ihnen entsprechende Firmen nennen. Die offenen Volierenseiten werden durch Metallrahmen mit aufgeschweißtem Gitter geschlossen. In der unteren Hälfte ist eine Tür einzuplanen. Kleine Türchen an mehreren Stellen können für die Fütterung

Zwei Vorschläge für einen Kletterbaum. **a)** Kletterbaum aus einem Baumstamm, **b)** selbstgebautes (oder gekauftes) Klettergestell aus Rundhölzern. S. Haag

Verschiedene Möglichkeiten, einen Kletterbaum zu befestigen. W. Weiß

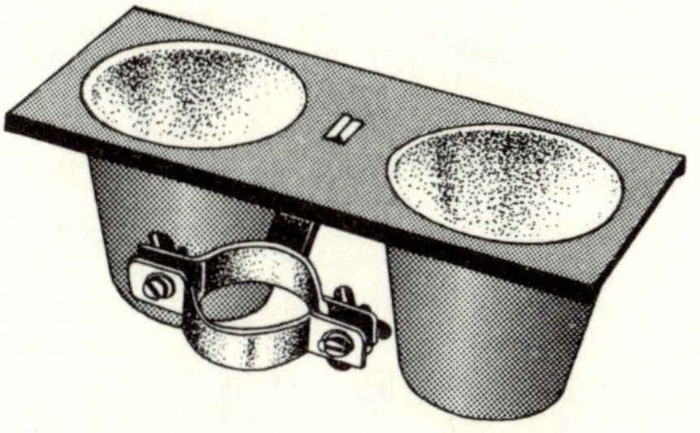

Haltevorrichtung für zwei Futternäpfe. W. Weiß

oder zum Aufhängen von Nistkästen zweckmäßig sein. Für kleinere Arten wird punktgeschweißtes Metallgitter mit einer Drahtstärke von 1,2—1,5 mm und für größere Arten solches mit einer Drahtstärke von 2,5—3 mm verwendet. Für kleinere Volieren kann man auch im Zoofachhandel fertige Gitterseiten mit und ohne Türöffnungen bestellen. Zwar führen die meisten Zoohändler Gitterseiten nicht als Lagerware, aber meist ist die Lieferung — auch nach eigenen Maßwünschen — kurzfristig möglich.

Es sei schließlich noch darauf aufmerksam gemacht, daß überall dort, wo innerhalb einer Voliere elektrische Leitungen, Beleuchtungsarmaturen usw. vorhanden sind, diese besonders zu sichern sind. Leitungen werden in sogenannten Panzerrohren verlegt und Armaturen durch Drahtkörbe gesichert.

Kleine transportable Voliere mit geschütztem Innenraum.

Die Inneneinrichtung einer Voliere mit Sitzstangen, Klettterästen usw. bleibt weitgehend der eigenen Phantasie überlassen. Zu bedenken ist dabei lediglich, daß Futter und Wasserbehälter so anzubringen sind, daß eine Verschmutzung möglichst vermieden wird. Auch der Boden einer Zimmervoliere wird mit Blech verkleidet, das an den Gitterseiten etwa 10–15 cm rechtwinklig nach oben dicht am Gitter anliegen soll. Der Boden wird mit Sand bestreut. Merke: Bei der Voliereneinrichtung ist alles zu vermeiden, was eine leichte Säuberung behindern könnte.

Ein besonderes Augenmerk verdienen alle Türverschlüsse, sind doch Kakadus nicht selten routinierte Ausbrecher, die mit viel Geduld die meisten Verschlüsse öffnen. Haben sie erst einmal gelernt, wie man es macht, hilft meist nur ein kleines Vorhängeschloß.

In ähnlicher Weise können Volierenkonstruktionen auch im Hof oder Garten angelegt werden. Der Bau solcher Freilandvolieren erfordert, besonders wenn sie ständig benutzt werden sollen, gründliche Vorarbeiten. Das Eindringen von Raubzeug und Ratten muß durch ein Fundament aus einer Betonplatte verhindert werden. Eine oder besser zwei geschlossene Wände sind wünschenswert. Da eine genauere Beschreibung des Baues von Freilandvolieren, Schutzhäusern usw. hier zu weit führen würde, sei auf die weiterführende Literatur und einschlägige Fachgeschäfte verwiesen.

Für den Sommeraufenthalt können auf einem Balkon oder einer Veranda kleine Freilandvolieren mit einfachen Mitteln errichtet werden. Der Aufenthalt im Freien ist für alle Kakadus sehr gesund und hat eine sehr günstige Wirkung auf das Federkleid.

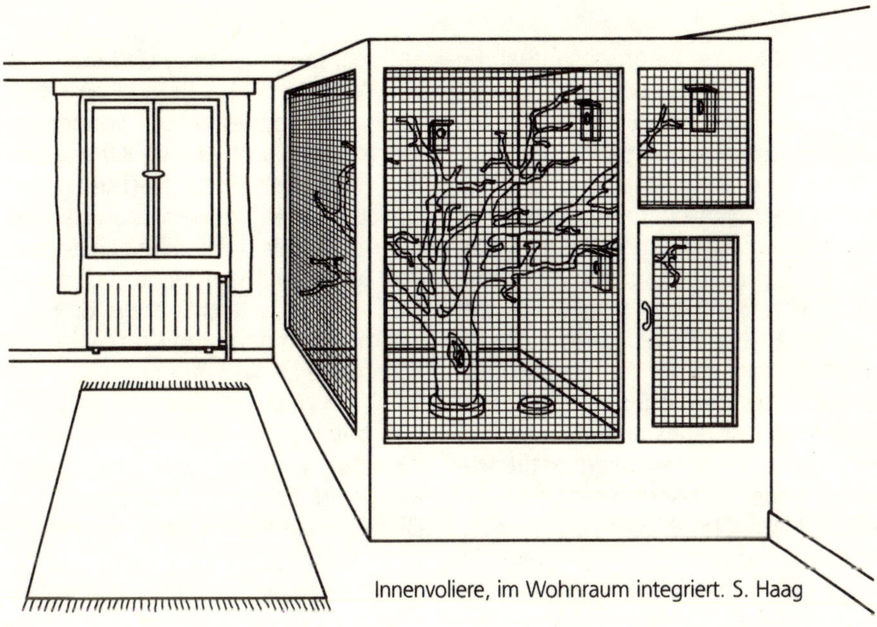

Innenvoliere, im Wohnraum integriert. S. Haag

Richtig füttern!

Mit ihren Verdauungsorganen, einem Kropf, einem wohlausgebildeten Drüsenmagen und einem starken Muskelmagen, sind Kakadus in erster Linie Körnerfresser. Für die Aufnahme von Körnern und Nüssen ist auch der Schnabel des Kakadus als Schäl- und Knackorgan hervorragend geeignet. Reife, aber auch angekeimte Körner werden fast immer geschält, und nur grüne Körner werden meist mit der Schale gefressen. Neben Körnern, Sämereien jeder Art, Nüssen und ähnlichem nehmen jedoch wildlebende Kakadus als Nahrung viele Früchte, grüne Pflanzenteile und oftmals auch Insekten und Insektenlarven zu sich. Wildlebende Kakadus leben also keineswegs hauptsächlich von Sonnenblumenkernen. Bei der Ernährung von Kakadus gibt es in der Praxis jedoch häufig ein Problem, das durch einseitige Ernährung jung eingefangener Vögel verursacht wird. Kakadus sind in

bezug auf ihre Nahrungsaufnahme »Gewohnheitstiere« ersten Ranges. Es kann sehr schwer sein, von jung an einseitig ernährte Vögel an die Aufnahme einer vielseitigeren und für sie selbst bekömmlicheren Nahrung zu gewöhnen. Alt eingefangene Kakadus sind, wie ich das durch zahlreiche Beobachtungen bei Vögeln in der Quarantäne feststellen konnte, bei ihrer Nahrungsaufnahme keineswegs einseitig, sondern eher neugierig und probieren fast jedes angebotene Futter. Von jung an einseitig gefütterte Vögel dagegen können sehr hartnäkkig die Aufnahme aller ihnen unbekannten Futterstoffe verweigern. Es kann bei solchen Vögeln sehr viel Geduld und Einfühlungsvermögen erfordern, sie an eine vielseitigere Kost zu gewöhnen. Dies sei der Beschreibung der richtigen Fütterung vorausgeschickt. Man sollte nämlich in jedem Fall versuchen, seinen Kakadu an eine vielseitigere Nahrungsaufnahme zu gewöhnen.

Sämereien: Die als Kakadufutter geeigneten Sämereien kann man grob in zwei Gruppen einteilen, in die überwiegend kohlehydratreichen Sämereien und in die Ölfrüchte. Zu den kohlehydratreichen Sämereien gehören unsere Getreidesorten wie Gerste, Hafer und Weizen, weiterhin Reis und Mais sowie zahlreiche Sorten von Hirse, Spitzsamen (Glanz) und Buchweizen. Von den Ölfrüchten seien neben den viel verwendeten Sonnenblumenkernen Hanf, Nüsse, Kürbiskerne und die zu den Hülsenfrüchten *(Leguminosen)* gehörenden Erdnüsse genannt. Kleinere Ölsämereien wie Raps und Negersaat werden von den meisten Kakadus nicht angenommen. Süßmandeln dagegen sind meist willkommene Leckerbissen.

Reis und Mais werden voll ausgereift nur ganz selten gefressen. Manche Kakadus schätzen aber gequollenen Mais sehr, und gekochter Reis ist als Diätfutter für kranke Vögel wichtig. Einige Kakadus mögen keinen ungeschälten Hafer, fressen ihn aber geschält. Hirse wird, obwohl die einzelnen Körner sehr klein sind, von den meisten Kakadus gerne gefressen.

S. 35 oben: In einer großen Voliere fühlt sich der Molukkenkakadu sehr wohl. Aufnahme H. Bielfeld.

S. 35 unten: Dieser Molukkenkakadu ist schon sehr zahm und läßt sich gerne herumtragen. Aufnahme H. Pinter.

S. 36 oben: Pärchen vom Kleinen Gelbhaubenkakadu. Das Männchen (rechts) ist gut am kräftigeren Schnabel und am größeren Kopf zu erkennen. Aufnahme H. Pinter.

S. 36 unten: Dieser junge Weißhaubenkakadu ist gerade erst 60 Tage alt. Aufnahme H. Pinter.

Ernährung

Gekeimte Körner: Viele der genannten Sämereien können durchaus nicht nur in reifem Zustand, sondern auch grün und angekeimt verfüttert werden. Ganz besonders geschätzt sind von den meisten Vögeln zum Beispiel halbreife Maiskolben. Weizen und Sonnenblumenkerne eignen sich besonders gut zum Ankeimen. Das Ankeimen von Sämereien als Papageienfutter muß nach den gleichen strengen hygienischen Gesichtspunkten erfolgen, die für die menschliche Ernährung gelten. Schimmelbildung bei angekeimten Körnern kann schwerste Schädigungen hervorrufen! Neben den genannten Sämereien werden von manchen Kakadus auch angekeimte Erbsen gerne gefressen.

Zur Verfütterung von angekeimten Körnern ist besonders bei Zuchtversuchen zu raten.

Grundnahrung: Die Grundnahrung aus reifen Körnern sollte höchstens zu 50% aus Sonnenblumenkernen bestehen. Die restlichen 50% können sich, je nachdem, was Ihr Kakadu am liebsten frißt, aus Hafer, Hirse oder anderen kohlehydratreichen Sämereien zusammensetzen. Werden neben Sonnenblumenkernen noch andere Ölsamen beigemischt, so ist der Anteil der Sonnenblumenkerne entsprechend zu verringern. Hanf sollte, obwohl er von fast allen Kakadus sehr gerne gefressen wird, nur ganz sparsam verfüttert werden. Hanf enthält, je nach Herkunft, mehr oder weniger schädliche Stoffe, die in größeren Mengen gefährlich für den Gesundheitszustand sein können. Auch größere Mengen von Nüssen sollte man wegen ihres hohen Fettgehaltes nicht füttern. Sie sind begehrte Leckerbissen, die es nur ab und zu gibt. Kann man übrigens noch grüne Haselnüsse bekommen, so werden diese den reifen Nüssen meist vorgezogen.

Zur Haltbarkeit von kohlehydratreichen Sämereien sei noch bemerkt, daß ihre Lagerfähigkeit bei trockener Aufbewahrung gut ist. Lediglich der Gehalt an Vitaminen sinkt schnell ab. Ölsämereien, Nüsse und ähnlich fettreiche Sämereien dagegen haben eine stark begrenzte Haltbarkeit. Bei zu langer Lagerung werden sie ranzig. Ranzige Ölfrüchte und -sämereien sind als Futter ungeeignet und kön-

S. 37: Diese beiden Großen Gelbhaubenkakadus scheinen sich prächtig zu verstehen. Aufnahme H. Reinhard.

S. 38 oben: Diese beiden Vögel harmonieren sehr gut, obwohl sie zwei verschiedenen Arten angehören; links Weißhaubenkakadu, rechts Tritonkakadu. Aufnahme H. Pinter.

S. 38 unten: Eine nette Gesellschaft: Rotbugara, Goffin's Kakadu und ein Kleiner Gelbhaubenkakadu. Aufnahme H. Bielfeld.

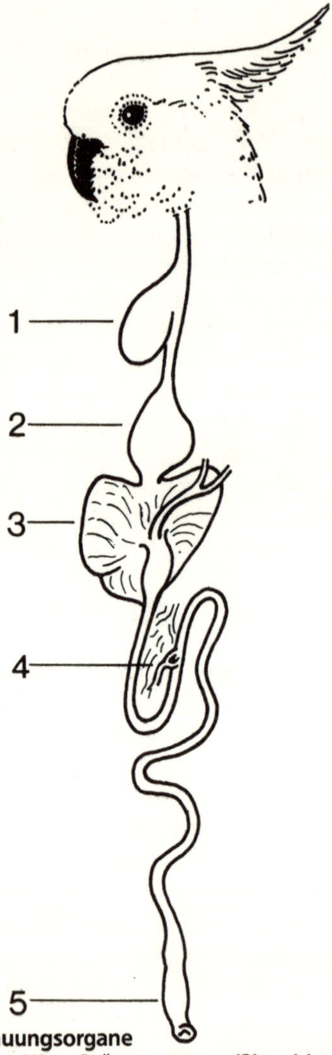

Verdauungsorgane
Kropf **(1)**, Drüsenmagen **(2)**, Muskelmagen **(3)**, Bauchspeicheldrüse **(4)**, Kloake **(5)**. M. Golte-Bechtle

nen, falls sie gefressen werden, für die Vögel sehr gefährlich sein. Jeder Vogelbesitzer sollte es sich beim Futtereinkauf zur Gewohnheit machen, aus jeder Futtertüte einige Sonnenblumenkerne (bzw. andere Ölfrüchte) zu zerkauen. Sollten ranzige Kerne darunter sein, so schmeckt man dies sofort!

Mit Hilfe dieser Angaben und nach einigem Ausprobieren dürfte es Ihnen nicht schwerfallen, für Ihren eigenen Vogel die richtige Körnermischung zu finden!

Grünfutter lieben die meisten Kakadus. Da, wie schon erwähnt, auch grüne Körner gerne gefressen werden, gibt es einen fließenden Übergang zwischen Körnerfutter und Grünfutter. Man kann halbreife Maiskolben einfrieren und diese nach dem Auftauen im Winter als Abwechslung verfüttern. Hat man einen Garten, so kann man auch etwas Hirse ansäen und die Kolben (oder Rispen) grün verfüttern oder als Winterbedarf einfrieren. Als weiteres Grünfutter eignen sich neben der altbewährten Vogelmiere Kopfsalat, Endivien, Löwenzahn und Spinat. An Früchten und Beeren kann man alles anbieten, was dem Vogel schmeckt. Weiterhin Bananen, Möhren und anderes Wurzelgemüse. Kartoffeln sollte man nur gekocht reichen.

Ernährung

Vögel, die gut miteinander auskommen, füttern sich oft. M. Golte-Bechtle

Ein gutes Zusatzfutter, welches auch dem Beschäftigungstrieb entgegenkommt, sind frische Zweige von Obstbäumen, Salweiden, Pappeln und Linden. Hier werden Knospen aufgebissen, Rinde abgeknabbert, und dabei wird auch das eine oder andere gefressen. Wichtig: Kein gespritztes Grünfutter oder mit Insektiziden gespritzte Baumzweige verwenden!
Es sei noch darauf aufmerksam gemacht, daß manche Wildbeeren, wie z.B. die Beeren des Weißdorns, der Eberesche und Rose (Hagebutten), von manchen Kakadus gerne gefressen werden. Auch unreife, d.h. noch grüne Weizenähren und Haferrispen sind eine willkommene Abwechslung im Speisezettel.
Vitamine und Spurenelemente sind lebenswichtig. Bei Vögeln, die ein gutes Körnergemisch erhalten und täglich Grünzeug und Obst als Zusatznahrung bekommen, besteht kaum die Gefahr, daß sie an Vitamin- oder Spurenelementemangel leiden. Bei Vögeln, die einseitig Körner fressen und anderes Futter weitgehend verweigern, ist es jedoch anzuraten, dem Trinkwasser ein richtig dosiertes Multivitaminpräparat zuzusetzen. Wenn sie sich an die Aufnahme von Grün-

zeug und Obst gewöhnt haben, kann man es unbesorgt wieder weglassen.
Mineralfutter ist ein wichtiger Bestandteil einer vollwertigen Ernährung. Gut geeignet und für den Vogelorganismus richtig zusammengesetzt sind Mineralgemische, die für Tauben oder für Ziergeflügel verwendet werden. Auch Grit oder Gritsteine, die ebenfalls im Zoofachhandel angeboten werden, können Sie verwenden. Mineralfutter wie auch Sand- und Gruskörner sollten für den Vogel immer zugänglich sein. Sand- und Gruskörner werden nämlich ab und zu zusammen mit der Nahrung aufgenommen und unterstützen im Muskelmagen — als primitive Mahlsteine — den Verdauungsvorgang.
Futter tierischer Herkunft wird von wildlebenden Kakadus in unterschiedlichen Mengen gefressen. Derartige Futterstoffe, wie z.B. Insektenlarven, haben einen hohen Gehalt an hochwertigen Eiweißstoffen. Leider sind die normalerweise als Futtertiere gezüchteten Insekten wie z.B. Mehlwürmer für Kakadus nicht geeignet und werden auch kaum angenommen. Zwei Futtermittel, die leicht verfügbar sind und auch meist gefressen werden, sind hartgekochtes Ei und für Hunde hergestellte Futterpellets. Neuerdings werden auch speziell für Papageien hergestellte Pellets mit einem hohen Gehalt an tierischem Eiweiß angeboten. Fragen Sie Ihren Zoofachhändler nach einem geeigneten Präparat.
Normalerweise sollte man diese Stoffe lediglich als Zusatzfutter ein- bis zweimal in der Woche reichen. Nur bei Zuchtversuchen wird der Gehalt an tierischem Eiweiß in der Nahrung erhöht.
Futter vom Speisetisch hat für alle zahmen Familienvögel große Bedeutung. Die von Vogelfreunden oft gestellte Frage — was darf ich meinem Kakadu vom Speisetisch anbieten? — kann wie folgt beantwortet werden: Unter der Voraussetzung, daß nicht übertrieben wird und stark salzige oder stark gewürzte Speisen ausgeschlossen werden, kann man seinem Kakadu von fast jeder Speise etwas anbieten. Kakadus nagen oft mit wahrer Wonne Kotelettknochen ab oder probieren Schlagsahne, naschen am Kartoffelpüree und am gebratenen Fisch. Derartige »Schlemmereien« sind für sie ungefährlich und oft sogar bekömmlich. Nur, wie gesagt: nicht übertreiben! Besonders Käse, den viele Vögel gerne fressen, sollte man nur ab und zu als kleines Stückchen geben. Bei übermäßigem Käsegenuß kann es zu Verdauungsstörungen, bedingt durch Kaseinzusammenballungen im Kropf, kommen.

Eingewöhnung

In seinem neuen Heim untergebracht, sollte ein neuerworbener Vogel zunächst in Ruhe gelassen werden. Aus dem Käfig darf er erst heraus, nachdem er mit seiner Umgebung vertraut geworden ist. Nur wenn man einen bereits wirklich zahmen Kakadu erworben hat, kann man ihn ruhig vom ersten Tag an aus dem Käfig lassen. Auch importierte Kakadus können von Anfang an zahm sein, wenn es sich um aus dem Nest genommene und von Menschen aufgezogene Vögel handelt. Da in ihren Heimatländern eine solche Aufzucht reine »Frauenarbeit« ist, sind solche Vögel meist auch typische »Damenvögel«, die sich besonders eng an Frauen anschließen.

Aber selbst wenn sie Frauen als Umgang vorziehen, so sind sie auch Kindern und Männern gegenüber meist nicht mißtrauisch. Bemerkt sei nur, da ihr Verhalten oft fehlgedeutet wird, daß ihre Bevorzugung von Frauen nichts mit dem eigenen Geschlecht zu tun hat.

Bei allen nichtzahmen Vögeln bewegt man sich am Anfang in der Nähe des Käfigs langsam und vorsichtig. Nach einigen Tagen kann man versuchen, näheren Kontakt mit seinem Pflegling aufzunehmen. Zur Annäherung eignet sich, so seltsam dies auch klingt, die menschliche Stimme. Reden Sie beim Füttern und beim Hantieren in der Nähe des Käfigs dem Vogel leise zu! Kakadus lernen wie alle Papageien sehr schnell, die Stimmen verschiedener Personen zu unterscheiden. Wenn der Vogel beim Erscheinen seiner Bezugsperson erst einmal ruhig sitzen bleibt, kann man damit beginnen, ihm begehrte Leckerbissen wie Süßmandeln, Erdnüsse usw. mit der Hand zu reichen. Verzagen Sie nicht, auch wenn es einige Tage — oder

Junger Gelbhaubenkakadu, ca. 50 Tage alt.
M. Golte-Bechtle

sogar Wochen – dauert, bis Ihr Vogel das erste Futterstück wirklich aus der Hand nimmt. Sein natürliches Kontaktbedürfnis trägt dazu bei, daß fast jeder Kakadu nach einiger Zeit seine natürliche Vorsicht überwindet. Sowie der Vogel Leckerbissen aus der Hand nimmt, kann man auch versuchen, ihn vorsichtig mit der Hand zu berühren. Erleichtert wird die Aufnahme eines direkten Körperkontaktes durch die Rolle, die die »soziale Gefiederpflege« im Verhaltensmuster von Kakadus spielt. Kakadus sind nämlich auch bei der Gefiederpflege ausgesprochen sozial und putzen und kraulen sich häufig gegenseitig. Es ist daher nicht abwegig, daß sie sich in Ermangelung eines arteigenen Partners von einem Menschen kraulen lassen. Am erfolgversprechendsten sind erste Berührungsversuche am Vorderkopf um die Schnabelwurzel herum. Der Vogel lernt meist schnell, daß von der kraulenden Hand keine Gefahr ausgeht, und er wird nach einiger Zeit auch den Hinterkopf zum Kraulen hinstrecken. Bei diesen Annäherungsversuchen darf man aber keineswegs den Fehler machen – weil der Vogel ja beißen könnte –, Handschuhe anzuziehen. Kakadus haben, wie alle importierten Großpapageien, panische Angst vor Handschuhen. Die Erklärung hierfür ist, daß während der Quarantäneperiode, bei der Beringung, eventuellen Untersuchungen usw., die Vögel von mit kräftigen Handschuhen versehenen Händen ergriffen werden. In dem guten Gedächtnis eines Kakadus sind damit der Handschuh und ein unangenehmes Erlebnis ein und dasselbe. Während der ersten Zeit ist tunlichst alles zu vermeiden, was das Vertrauen des Vogels zu seiner Bezugsperson irgendwie beeinträchtigen könnte. Was im allgemeinen mit dem Begriff »Zahmheit« bezeichnet wird, ist ja nichts anderes als das Vertrauen, das der Vogel seiner Bezugsperson entgegenbringt. Das Erwerben von Vertrauen erfordert Einfühlungsvermögen und Zeit. Aufgebautes Vertrauen kann aber durch falsches Verhalten der Bezugsperson besonders während der ersten Zeit schnell zerstört werden. Einem noch fremden Vogel mit Ungeduld zu begegnen, wäre grundverkehrt. Nur Geduld und noch einmal Geduld führen zum Ziel. In der Regel wird sich ein in einer Familie lebender Kakadu auch nicht allen Familienmitgliedern gegenüber gleich verhalten, und häufig wird eine bestimmte Person deutlich vorgezogen. Richtig eingewöhnt werden die allermeisten Kakadus nicht nur zahm, sondern nicht selten so zudringlich, daß sie einem ab und zu »richtig auf den Wekker gehen«. In solchen Fällen kann

man zumindest die größeren Arten mit einem freundlichen Klaps oder einem Fingerschnippen gegen den Schnabel zurechtweisen, eine Zurechtweisung, die wirklich zahme Kakadus sehr schnell begreifen.

Auf die Hand gehen

Einen Kakadu, dessen Flügel beschnitten sind, kann man, sowie er sich mit seiner Umgebung etwas vertraut gemacht hat, ruhig aus dem Käfig lassen. Versucht er zu fliegen und landet dabei nach einem mißglückten Flug auf dem Boden, so braucht man ihn nicht mit den Händen zu fangen, sondern man stülpt einfach das Käfigoberteil über ihn.

Vom Boden aus ist es meistens auch am einfachsten, einen Kakadu dazu zu veranlassen, auf die Hand zu gehen. Dabei kommt einem der Umstand zugute, daß der Vogel in der ihm noch nicht richtig vertrauten Umgebung nur ungern auf dem Boden sitzt. In seinem Bestreben, etwas höher zu gelangen und so einen besseren Überblick zu erhalten, nimmt er daher nicht selten die hingestreckte Hand als »erste Stufe nach oben« an. Einem noch scheuen Vogel kann man diesen Schritt psychologisch erleichtern, indem man die Hand durch einen toten Gegenstand in Form eines von ihr gehaltenen Rundstabes verlängert. Dem auf dem Boden sitzenden Vogel hält man z.B. einen Besenstiel so vor die Füße, daß er nur hinaufzusteigen braucht. Einmal auf dem Stab sitzend, ist der Weg von dort auf die Hand nicht mehr weit.

Kleinkinder, Hunde, Katzen

Fragen, die häufig gestellt werden, sind: Wie verhält sich ein Kakadu kleineren Kindern gegenüber? Bereitet es Schwierigkeiten, ihn an andere Haustiere wie z.B. Hund oder Katze zu gewöhnen – oder umgekehrt?

Kleinere Kinder sollte man in der ersten Zeit nicht mit einem noch scheuen Kakadu zusammenbringen. Zwar wirkt das Imponiergehabe besonders der größeren Kakadus meist so abschreckend, daß selbst vorwitzige Kinder kaum versuchen werden, den Vogel anzufassen bzw. festzuhalten, doch ist zu Anfang eine gewisse Vorsicht angebracht.

Hunde kommen mit größeren Papageien meist gut zurecht, und das gilt auch für Kakadus. Einmal aneinander

gewöhnt, können Hund und Kakadu sogar Freundschaft schließen. Natürlich muß jeder Hundebesitzer wissen, was er seinem Hund zutrauen kann. Größere Schwierigkeiten, einen guterzogenen Hund an den neuen Hausgenossen zu gewöhnen, gibt es jedoch kaum. Noch einfacher ist es meist, einen bereits im Hause lebenden Kakadu mit einem Welpen oder Junghund bekannt zu machen, verschafft sich doch ein Kakadu einem noch unsicheren Neuankömmling gegenüber durch sein harmloses, aber sehr eindrucksvolles Imponiergehabe fast immer Respekt!

Im Gegensatz zum Hund ist die Kombination Katze-Kakadu immer etwas problematisch. Von Natur aus als Einzeljäger programmiert, haben viele Hauskatzen einen ausgeprägten Jagdinstinkt, und unbeaufsichtigt sollte man auch einen Großpapagei nicht mit einer Katze allein lassen. In diesem Zusammenhang sei noch bemerkt, daß manche Kakadus – wenn auch durchaus nicht alle – schon auf die bloße Anwesenheit einer Katze im selben Raum schreckhaft reagieren.

Hin und wieder ein Duschbad gehört zur Pflege eines Kakadus. M. Golte-Bechtle

Pflege

»Hausputz« und Hygiene

Die Ansprüche, die Kakadus an ihren Pfleger stellen, sind nicht groß. Neben der täglichen Fütterung und der Erneuerung des Trinkwassers müssen Trinkwasser- und Futternäpfe täglich ausgewaschen werden. Man bedenke, daß sich verunreinigtes Trinkwasser während der warmen Jahreszeit innerhalb weniger Stunden in eine Bakterienbrühe verwandelt.

Die Vogelkäfige sind mindestens einmal wöchentlich zu reinigen, und etwa alle vier Wochen werden Käfig und Sitzstangen mit heißem Wasser abgebrüht. Das Käfigreinigen vereinfacht sich sehr, wenn man täglich den sich ansammelnden Kot vom Käfig- oder Volierenboden entfernt und die betreffenden Stellen mit reinem Sand überstreut. Als Bodenbelag für Käfige und Volieren verwendet man am besten Sand mit einer Korngröße von 1–2 mm. Zernagte Sitzstangen müssen von Zeit zu Zeit ausgewechselt werden, denn Kakadus nagen ohne weiteres auch den Ast ab, auf dem sie sitzen!

Kakadus duschen gern!

Alle Kakadus schätzen es sehr, wenn man sie regelmäßig abduscht. Regelmäßiges Duschen trägt viel dazu bei, ihr Gefieder sauber und glänzend zu erhalten. Gleichzeitig beugt es einer allzu starken Verstreuung des staubfeinen Puders vor, der laufend von den Puderdunen abgesondert wird. Noch scheue Vögel duscht man anfänglich vorsichtig mit einem Wasserzerstäuber, wie er zur Pflege von Zimmerpflanzen verwendet wird, ab. Gut eingewöhnte Vögel folgen mit Vergnügen in das Badezimmer und lassen sich mit der Handbrause abbrausen. Im Freien gehaltene Vögel kann man während der Sommermonate auch vorsichtig mit dem Gartenschlauch abduschen. Geduscht wird immer mit Wasser, das gut 24–30° C warm ist.

Krallenpflege

Sollte es trotz genügend starker Sitzstangen zu übermäßigem Krallenwuchs kommen, so sind die Krallen so zu kürzen, wie es die Abbildung zeigt. Geschnitten wird mit einer allseitig schneidenden Klauenzange, wie sie

auch zum Kürzen von Hundeklauen verwendet wird. Kommt es beim Kürzen einer Klaue zu einer Blutung, so wurde das Blutgefäß in der Klaue – die Pulpa – verletzt. Zur Blutstillung kann in solchen Fällen Eisenchloridwatte verwendet werden. Damit man von vornherein einem zu starken Krallenwuchs vorbeugt, sollten alle Sitz- und Kletterstangen im Käfig so dick sein, daß der Vogel sie nur zu zwei Dritteln mit seinem Fuß umspannen kann. Dies sorgt für eine dauernde Abnutzung der Krallen unseres Hausgenossen. Zusätzlich kann man seinem Vogel auch Sitzstangen unterschiedlicher »Griffstärke« anbieten und so für eine gleichmäßige Beanspruchung der Beinmuskulatur sorgen.

Das Beschneiden der Flügel

Abgesehen von Vögeln, die direkt für Zuchtversuche erworben werden, ist es bei der Eingewöhnung neuerworbener Kakadus von Vorteil, wenn ihre Schwingen beschnitten sind. Da abgeschnittene Schwungfedern mit der Zeit nachwachsen, erlangt der Vogel nach einiger Zeit wieder sein normales Flugvermögen. Ein Vogel, dessen Flü-

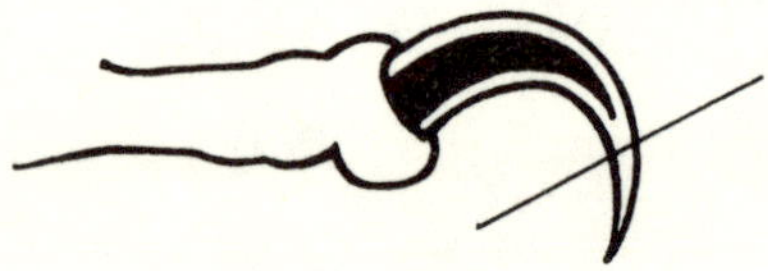

Richtige Schnittführung beim Kürzen der Krallen. M. Golte-Bechtle

gel beschnitten sind, kann sich menschlichen Annäherungsversuchen nicht einfach durch die Flucht entziehen, und auf diese Weise erleichtert ein Beschneiden der Flügel auch die »Zähmung«.

Bei importierten Vögeln sind die Flügel fast immer beschnitten, wenn nicht, kann man beim Erwerb den Zoohändler bitten, die Schwungfedern zu stutzen. Beschnitten wird zum einen so, wie es die Abbildung A zeigt. Dabei werden die Schwungfedern einfach gekürzt. Dies hat jedoch den Nachteil, daß man bei einem sitzenden Vogel die abgeschnittenen Schwingen sieht. Besser ist es, die Schwungfedern so zu kürzen, wie es die Abbildung B zeigt. Bei diesem Beschnitt überdecken beim sitzenden Vogel die längs außen befindlichen, nicht beschnittenen Federn die Schnittstelle.

Allgemein sei in bezug auf den Flügelbeschnitt bei Kakadus noch bemerkt:

Kakadus sind von Natur aus wesentlich bessere Flieger als zum Beispiel Graupapageien oder gar Amazonen. Beschneidet man einem gesunden Kakadu, der im Vollbesitz seiner Körperkraft ist, die Flügel unaufmerksam, so daß einige Federn stehenbleiben, so kann es durchaus passieren, daß er entfliegt und den nächststehenden Baum erreicht. Auch wenn es fast immer gelingt, des Ausreißers wieder habhaft zu werden, so ist mit so einem »Ausflug« meist viel Aufregung und Ärger verbunden. Also: Auf beschnittene Flügel als »Flugbehinderung« ist nur dann Verlaß, wenn die Beschneidung sachgemäß ausgeführt wurde und solange nachwachsende Federn regelmäßig abgeschnitten werden. Es ist also zweckmäßig, das Nachwachsen der Schwungfedern zu überwachen und nachgewachsene Federn rechtzeitig zu kürzen. Bei einem richtig zahmen Kakadu ist es meist nicht schwer, die betreffenden Federn nach und nach mit einer kurzen, aber kräftigen Schere abzuknipsen.

A

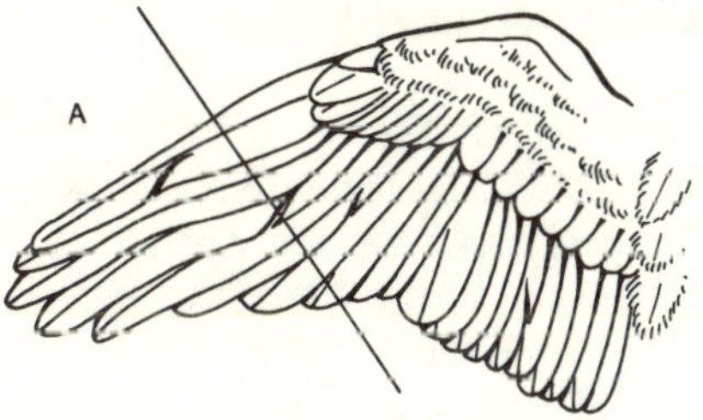

A Am einfachsten lassen sich beim Flügelschneiden die äußersten Schwungfedern kürzen.

B

B Hier wird ein Teil der Arm- und Handschwingenfedern gekürzt. M. Golte-Bechtle

Ein bißchen Zeitvertreib!

Zur täglichen Pflege eines Kakadus gehört auch ein gewisses Maß an »Beschäftigungstherapie«. Besonders bei einzeln gehaltenen Vögeln ist es wichtig, daß sie Unterhaltung finden. Eine sehr gute Form von Beschäftigungstherapie ist, wenn man seinem Kakadu täglich frische Zweige geben kann. Welche Zweige geeignet sind, wurde im Abschnitt »Richtig füttern« bereits erwähnt. Manche Vögel be-

Etwas zum Nagen sollte immer im Käfig oder der Voliere sein. M. Golte-Bechtle

schäftigen sich auch mit Garnrollen, Holzkugeln und ähnlichem. Meist wird jedoch derartiges Holzspielzeug nach einiger Zeit zerbissen und muß erneuert werden. Einige Kakadus klettern auch gerne in senkrechter Richtung, z.B. an einem groben Seilstück oder einer groben Kette, die man vom Klettergestell herabhängen läßt. Abgesehen von Zweigen, die man abknabbern und zerkleinern kann und die fast jeder Kakadu schätzt, ist jedoch die Wahl des Spielzeugs äußerst individuell. Probieren Sie einfach aus, womit Ihr Vogel am liebsten spielt!

Temperatur und Luftfeuchtigkeit

Zur Routine der laufenden Pflege gehört auch noch die Überwachung von Temperatur und Luftfeuchtigkeit. Hier kann zunächst grundsätzlich festgehalten werden, daß Kakadus im allgemeinen unempfindlich gegenüber niedrigen Temperaturen sind. Selbst größere Temperaturunterschiede vertragen sie meist ohne sichtliches Unbehagen, Voraussetzung ist lediglich, daß die Temperaturveränderungen nicht plötzlich erfolgen. Gut eingewöhnte Vögel, die in Freilandvolieren gehalten werden, können dort bis zum Eintritt der ersten Nachtfröste verbleiben, und als Überwinterungstemperatur im zur Voliere gehörenden Schutzhaus sind 5—10° C vollständig ausreichend.

Bei neuimportierten Vögeln, die aus

Gebieten mit tropischem Regenwald kommen, wie z.B. Kleine Gelbhaubenkakadus, Molukkenkakadus, Weißhaubenkakadus, Tritonkakadus, Rotsteißkakadus und Goffin's Kakadus, ist jedoch eine längere Periode der Klimaanpassung ratsam. Wichtig ist immer, daß Zugluft tunlichst vermieden wird. Zugluft und die mit ihr verbundene Körperabkühlung ist in der Praxis der Vogelhaltung für den Pflegling weitaus gefährlicher als alle anderen Mißgeschicke. Bereits bei der Wahl des Käfigstandortes oder der Einrichtung einer Zimmervoliere ist darauf zu achten, daß im Raum gelüftet werden kann, ohne daß der Vogel dabei Zugluft ausgesetzt wird.

Bei Außenvolieren mit dazugehörendem Innenraum sollte die Ein- und Ausflugöffnung etwa in halber Höhe angebracht werden. Da die Vögel — eine geeignete Sitzgelegenheit vorausgesetzt — im Innenraum am liebsten weit oben sitzen, setzen sie sich dann keiner direkten Zugluft durch die Ein- und Ausflugöffnung aus.

Manche Kakadus kommen aus ausgesprochen trockenen Gebieten, und selbst die Arten, die aus dem tropischen Regenwald stammen, sind gegenüber trockener Luft nicht sonderlich empfindlich. Bei einer Haltung im Freien ist in Europa die Luftfeuchtigkeit immer ausreichend. Sinkt im Hause jedoch die Luftfeuchtigkeit unter 50%, was im Winter in zentralgeheizten Räumen durchaus vorkommen kann, so macht sich das nach einiger Zeit am spröden Gefiederzustand des Kakadus bemerkbar. Da eine zu geringe Luftfeuchtigkeit ja auch für den Menschen nicht gut ist, kann man im Interesse seines Pfleglings wie auch im eigenen Interesse einen Luftbefeuchter aufstellen.

Lernen Kakadus sprechen?

Falls Sie besonderen Wert auf einen sprechenden Papagei legen, würde ich Ihnen nicht zum Kauf eines Kakadus raten. Zwar kommen auch unter diesen leidliche Sprecher vor, aber im allgemeinen ist die Bereitschaft zum Nachahmen bei Kakadus nicht so entwickelt wie zum Beispiel bei Amazonen und Graupapageien. Wirklich gut sprechende Kakadus sind eher die Ausnahme als die Regel. Beginnt ein erworbener Kakadu, menschliche Worte nachzuahmen, so betrachten Sie dies als Glücksfall, aber erwarten Sie nicht von vornherein ein Sprachtalent. Mir ist ein sehr gut sprechender Nacktaugenkakadu bekannt und auch zwei Weißhaubenkakadus, die, obwohl sie zusammensitzen, fleißig schwätzen. Das letztere ist insofern bemerkenswert, als Kakadus häufig mit dem Reden aufhören, wenn sie in Gesellschaft von Artgenossen kommen.

Die besten Aussichten, daß ein Kakadu sprechen lernt, bestehen bei einem jungen Vogel. Der Pfleger kann den Lernprozeß unterstützen, indem er die gewünschten Worte oft und deutlich vorspricht. Einprägsame Worte mit zwei oder drei Vokalen werden am leichtesten nachgeahmt. Aber oft hilft selbst bei einem Kakadu mit gutem Nachahmungstalent das beste Vorsprechen nichts, wenn der Vogel meint, daß es lustiger ist, das Bellen von Nachbars Dackel nachzuahmen. Vögel mit gutem Nachahmungstalent spezialisieren sich nicht selten auf alle erdenklichen Geräusche ihrer Umgebung, vom Klingeln des Telefons bis zum Geräusch des Staubsaugers, vom Schlagen der Wanduhr bis zum tropfenden Wasserhahn, aber an menschlichen Worten hapert es oft. Ausnahmen kommen jedoch vor, d.h., es gibt Kakadus, die über einen gewissen Wortschatz verfügen und diesen auch augenscheinlich im richtigen Zusammenhang anwenden können.

Daraus darf man natürlich nicht schließen, daß der Kakadu weiß, was er sagt. Auch wenn er häufig seine Worte im Zusammenhang mit einem dazugehörenden Wort, Laut oder auch einer dazugehörenden Handlung zum besten gibt. Ein gutes Beispiel für ein solches Verhalten ist, daß der Vogel »hallo« sagt, wenn das Telefon klingelt, »guten Tag«, wenn jemand zur Tür hereinkommt, oder »auf Wiedersehen«, sobald man einen Mantel anzieht oder eine Mütze aufsetzt. Der Vogel hat ja diese Worte bei dieser Gelegenheit bzw. diesem Verhalten

Sprechen lernen

schon häufig gehört. Es kommt auch vor, daß ein Geräusch gewissermaßen schon im voraus nachgeahmt wird, z.B. das Geräusch einer Nähmaschine oder eines Staubsaugers, wenn der Vogel diese Geräte sieht, oder daß der Vogel das Gluckern einer Gießkanne schon zum besten gibt, wenn man diese auch nur ergreift. Als Fernsehstar wurde vor einigen Jahren ein Weißhaubenkakadu berühmt, der in einer amerikanischen Kriminalserie mit einem Detektiv zusammenwohnte. Beim Läuten des Telefons hob dieser Kakadu den Telefonhörer mit dem Fuß ab und sagte dann »hallo«. Der Kakadu reagierte also mit Handlung und Wort auf den »Auslöser« Telefonklingel. Mißverständnisse können dann vorkommen, wenn der Vogel ähnliche Dinge verwechselt. Ein heute fast schon »klassisches« Beispiel einer solchen Verwechslung war ein Großer Gelbhaubenkakadu am Zoo in Köln, der nach dem Zweiten Weltkrieg deutliche Schwierigkeiten hatte, verschiedene Uniformen zu unterscheiden. Seine Gewohnheit, britische Offiziere mit »Heil Hitler, Kamerad« zu begrüßen, wurde nicht gerade als ein Beispiel des berühmten Kölner Humors aufgefaßt. Die Zooleitung löste das peinliche Problem durch eine »Eheschließung«. Nach dieser sprach der besagte Kakadu nur noch mit seiner Ehehälfte, und zwar kakaduisch.

Die mitunter gestellte Frage, ob es bei bestimmten Arten von Kakadus häufiger sprachbegabte Exemplare gibt als bei anderen, kann nicht mit Sicherheit beantwortet werden. Selber habe ich schon Nasenkakadus und Inkakakadus leidlich sprechen hören und Rosenkakadus gekannt, die pfiffen und schwätzten. Aber das sind Ausnahmen. Beim Erwerb eines Kakadus wäre es in jedem Fall verkehrt, von der Erwartung auszugehen, daß sich der erworbene Vogel zu einem guten Sprecher entwickelt.

Eigenheiten und Verhalten

Kakadus sind geschickte Kletterer und benutzen dazu neben ihren »Kletterfüßen« auch den Schnabel als Zughaken oder drittes Bein. Beim Fressen dient ihnen häufig ein Fuß als Hand. Früchte werden beim Fressen meist mit einem Fuß festgehalten. Auf dem Boden bewegen sie sich trotz ihres etwas watschelnden Ganges schnell und zielstrebig. In der Natur nehmen besonders die Arten aus Australien einen großen Teil ihrer Nahrung am Boden auf. Einige Arten, z.B. Große Gelbhaubenkakadus, bewegen sich dabei mitunter auch auf beiden Beinen hüpfend fort, eine sonst bei Papageien fast unbekannte Art der Fortbewegung.

Eine durch ihre natürliche Umgebung geprägte Eigenheit, die auch bei ihrer

Nach dem Ruhen muß sich der Vogel kräftig strecken. M. Golte-Bechtle

Verhalten

Bei der Fortbewegung parallel zur Sitzstange bewegt sich der Vogel einen Fuß vor den anderen setzend in der Längsrichtung der Stange. Dabei können die Schwanzfedern entweder etwas angehoben oder seitlich schräg nach unten abgewinkelt werden.

Haltung berücksichtigt werden muß, ist ihr schreckhaftes Verhalten bei plötzlichem Schatten- oder Lichteinfall oder auch bei unerwarteten heftigen Geräuschen. Bei solchen Gelegenheiten versuchen sie häufig, panikartig aufzufliegen, und prallen dabei oft gegen ihnen gut bekannte Hindernisse wie Gitter, Fensterscheiben usw. Dieses Verhaltensmuster ist besonders bei den aus freiem Steppengelände stammenden Arten ausgeprägt. Da ihnen natürliche Schlupfwinkel und Verstecke fehlen, ist für diese Vögel schnelle Flucht der einzige Schutz vor Feinden. Falls in Ihrer Wohnung die Gefahr besteht, daß durch Autoscheinwerfer plötzlich Licht einfällt, sollten Sie eine lichtundurchlässige Rollgardine anbringen. Kakadus mit nichtbeschnittenen Flügeln sind sonst äußerst geschickte und wendige Flieger. Läßt man sie frei in der Wohnung fliegen, weichen sie geschickt jedem Hindernis aus, und selbst beim Landen stoßen sie kaum irgendwo an. Ausgewachsene und gesunde Kakadus schlafen auf einem Bein, Paare oder sonst gut aneinander gewöhnte Vögel dicht nebeneinander. Im Schlaf wirkt ihr Gefieder etwas aufgeplustert. Häufig wird dabei auch der Kopf nach hinten gedreht und mit seinem

S. 55: Der Rotsteißkakadu kommt von den Philippinen und wird bei uns nur sehr selten angeboten. Aufnahme W. de Grahl.

S. 56 oben: Balzende Nacktaugenkakadus. Aufnahme W. de Grahl.

S. 56 unten links: Ein besonders schönes Exemplar eines Kleinen Gelbhaubenkakadus. Aufnahme H. Schrempp.

S. 56 unten rechts: Auch der Rosenkakadu ist selten im Handel anzutreffen. Aufnahme W. de Grahl.

So pflegt ein einzelner Kakadu sein Kopfgefieder. M. Golte-Bechtle

vorderen Teil in das Rückengefieder gelegt. In Volieren gehaltene Vögel suchen zum Schlafen fast immer denselben Platz auf. Während der ersten Zeit nach dem Ausfliegen aus der Bruthöhle schlafen die Jungvögel mit beiden Beinen aufsitzend.

Ein gesunder Kakadu verwendet bedeutende Zeit zur Pflege seines Gefieders. Dabei bedient er sich außer des Schnabels auch der Füße. Besonders die Kopfregion, deren Federn ja für den Schnabel unerreichbar sind, wird eifrig mit dem Fuß durch Kratzen bearbeitet. In der Regel führen Kakadus den kratzenden Fuß gerade nach oben. Bei Rosenkakadus kann man jedoch mitunter auch beobachten, daß sie sich wie Nymphensittiche kratzen, d.h. den Fuß über den Flügel hinweg nach hinten führen, so daß der kratzende Fuß von hinten an den Kopf gelangt. Das übrige Gefieder wird mit Hilfe des Schnabels täglich gründlich durchgearbeitet. Bei der Gefiederpflege können Kakadus die seltsamsten Körperhaltungen einnehmen, um alle Federn zu erreichen. Gut aneinander gewöhnte Vögel und besonders solche, die als Paar leben, putzen sich auch gegenseitig. Bei brütenden Paaren spielt diese »soziale Gefiederpflege« bei der Brutablösung auch eine rituelle Rolle.

Wie alle anderen Papageien füttern auch Kakadus sich mitunter gegenseitig. Derartiges Füttern kommt bei Vögeln, die als Paar zusammenleben, regelmäßig vor. Mitunter kann man jedoch dieses Füttern oder Fütterungsversuche auch bei lediglich vergesellschafteten Vögeln beobachten. Zahme Vögel und besonders auf Men-

schen geprägte Vögel, d.h. von Menschen aufgezogene, versuchen nicht selten, als ein Zeichen ihrer Zuneigung ihre Bezugsperson zu füttern. Beim Füttern bzw. bei einem Fütterungsversuch würgt der fütternde Vogel vorverdautes Futter aus dem Kropf hoch und füttert damit seinen Partner. Dabei nimmt der fütternde Vogel den Schnabel des zu fütternden Partners in seinen eigenen Schnabel.

Die Federhaube

Die für das Aussehen der Kakadus typische Federhaube unterscheidet sie äußerlich von allen anderen Papageien. Nur der ihnen sehr nahe verwandte Nymphensittich hat eine ähnliche Haube. Die Struktur dieser Federhaube ist jedoch nicht bei allen Arten gleich, und man unterscheidet zwischen Spitzhauben und Rundhauben. Die **Spitzhaube** besteht in ihrem hinteren Teil aus einer Reihe längerer, nach vorne bzw. oben gewölbter Federn. Diese Federn sind aufrichtbar, aber auch bei angelegter Haube steht die dann in Nackenhöhe befindliche Haubenspitze deutlich ab. Vorne wird die Haube von kürzeren Deckfedern begrenzt, die bis fast auf die Wurzel des Oberschnabels herabreichen und angelegt am Kopf aufliegen. Die langen Federn der Spitzhaube sind von abweichender Färbung, die Deckfedern von gleicher Färbung wie das Körpergefieder. Spitzhauben findet man bei Inkakakadus, Großen Gelbhaubenkakadus und Kleinen Gelbhaubenkakadus.

Rundhauben bestehen aus vollständig anlegbaren längeren und kürzeren Haubenfedern, die in Reihe nebeneinander angeordnet sind. Eine von der Körperfarbe abweichende

Spitzhaube (Gelbhaubenkakadu).
M. Golte-Bechtle

Große Rundhaube (Weißhaubenkakadu).
M. Golte-Bechtle

Kleine Rundhaube (Nacktaugenkakadu).
M. Golte-Bechtle

Färbung findet man hier bei manchen Arten auf der Unterseite der Haubenfedern, z.B. beim Molukkenkakadu. Rundhauben können je nach Art von recht unterschiedlicher Größe sein. Große Rundhauben haben Molukkenkakadus und Weißhaubenkakadus. Kleine und meist vorne recht breit angesetzte Rundhauben besitzen Rosenkakadus, Nasenkakadus, Rotsteißkakadus und Nacktaugenkakadus.
Die Federhaube spielt bei den verschiedensten Verhaltensmustern der Kakadus eine wichtige Rolle. Das Aufrichten der Haube kann man zum Beispiel beobachten, wenn sich ein Kakadu bedroht fühlt und er dieser Bedrohung die eigene Drohgebärde entgegensetzt. Oder wenn er einem Gegner oder einem Weibchen imponieren möchte. Bei der Begrüßung eines Bekannten, seines Partners oder seiner Bezugsperson richten sich die Federn ebenfalls auf. Oft aber drückt das Aufrichten der Haube lediglich Überraschung oder Aufmerksamkeit aus.

Zucht

Die Vermehrung von Kakadus ist heute ein Gebot der Stunde. Manche Arten sind in ihrem natürlichen Verbreitungsgebiet so dezimiert, daß allgemein mit einer verminderten Einfuhr von Wildfängen gerechnet werden muß. Bei anderen Arten ist die Ausfuhr generell verboten, wie bei den australischen Arten. Die Aussichten, daß sich Kakadus in Europa in einem Ausmaß vermehren können, daß sie auch in Zukunft als Haustiere zur Verfügung stehen, sind jedoch verhältnismäßig gut. Die Nachzuchterfolge, die während der letzten Jahrzehnte sowohl in Europa als auch in den USA gelungen sind, geben Anlaß zu der Hoffnung, zumindest bei manchen Arten Volierenstämme aufbauen zu können, wie dies ja bereits mit etlichen kleineren Papageienarten gelungen ist. Da »Fang« für den Vogelfreund niemals eine ideale Vogelbeschaffung sein kann, sollte man Zuchtversuche mit Kakadus überall da anraten, wo sie räumlich möglich sind. Dazu sind durchaus nicht unbedingt Volieren erforderlich.

Daß die Nachzucht auch in früheren Jahren bei Kakadus häufiger gelang als bei anderen Großpapageien, lag vielleicht daran, daß man bei ihnen – im Gegensatz zu Amazonen, Graupapageien und Aras – keine Probleme hatte, die Geschlechter zu unterscheiden. Mit Ausnahme des Molukkenkakadus ist bei allen »weißen Kakadus« die Geschlechtsunterscheidung anhand der Färbung der Augeniris oder anderer Merkmale möglich. Die betreffenden Unterschiede sind bei den Artbeschreibungen angegeben. Bei

Pärchen vom Kleinen Gelbhaubenkakadu.
M. Golte-Bechtle

Molukkenkakadus kann die Geschlechtsbestimmung durch den Tierarzt entweder durch Augenspiegelung oder mit Hilfe einer Laparoskopie erfolgen.
Kakadus entwickeln sich langsam und werden erst im dritten bis fünften Lebensjahr geschlechtsreif. Können junge Partner aneinander gewöhnt werden, so sind die Aussichten, ein Zuchtpaar zu bekommen, besonders gut. Bei älteren, willkürlich zusammengesetzten Partnern muß man schon eine Portion Glück haben, wenn die Zusammenführung von zwei Vögeln unterschiedlichen Geschlechtes zu einem glücklichen und auch produktiven Paarverhältnis führt. Gut harmonierende Paare können selbst unter äußerst primitiven Bedingungen mit Erfolg brüten. Bei nicht harmonierenden Partnern hilft auch die schönste Voliere nichts. Bei der Zusammenführung unbekannter Partner ist immer ein wenig Vorsicht angebracht, da manche Männchen dem Weibchen gegenüber zu Anfang oft aggressiv auftreten.
In Innenräumen können Kakadus zu jeder Jahreszeit brüten, und sie scheinen nicht an bestimmte Brutperioden gebunden zu sein. Der Bruttrieb kann durch das Verfüttern von Keimfutter und von Futterstoffen, die reich an tierischem Eiweiß sind, angeregt werden. Auch eine ausreichende Mineralversorgung ist nun besonders wichtig. Keimfutter enthält große Mengen Vitamin E, das die Reifung der Geschlechtsprodukte günstig beeinflußt. Tierisches Eiweiß verbessert als konzentrierter Nährstoff die allgemeine Körperverfassung. Für die Bildung von Eierschalen und später bei der Aufzucht der Jungvögel für deren Skelettbildung müssen zusätzliche Mineralstoffmengen aufgenommen werden. Als geeignetes Eiweißfutter können neben hartgekochtem Ei Hundepellets oder auch Heckpellets für Papageien gereicht werden. Hierbei muß man ausprobieren, was angenommen wird, sind doch gewisse Exemplare bei der Futterwahl äußerst eigen.

Der Nistkasten

Kakadus sind Höhlenbrüter, die in der Natur ihre Nisthöhlen im Innern teilweise vermulmter Baumstämme anlegen. Kann man ein geeignetes Stammstück einer Pappel, Linde oder Weide erhalten, so ist das eine ideale Nistgelegenheit. Den »Innenausbau« kann man bei innen vermoderten Stammstücken ruhig dem Kakadupaar überlassen. Läßt sich ein solches Stammstück nicht beschaffen oder ist seine Anbringung aus Platzgründen nicht möglich, so benötigt man einen Nistkasten. Ein Nistkasten muß für Kakadus aus hartem Material hergestellt werden, denn aus zu weichem Material gebaute Nistkästen werden schnell zerbissen und zernagt. Zur Herstellung verwendet man gut abgelagerte, ungehobelte Bretter von mindestens 2,5 cm Dicke. Bei manchen Paaren der größeren Arten können noch dickere Bretter angebracht sein, und mitunter ist es zweckmäßig, für die Vorderwand des Kastens Hartholz wie Eiche oder Buche zu verwenden. Erfahrungsgemäß wird nämlich mit dem Nagen fast immer an dem auf der Vorderseite befindlichen Schlupfloch begonnen. Die Größe des Nistkastens sollte für kleinere Arten die Innenmaße von 25 × 25 × 40 cm haben. Für größere Arten sind 35 × 35 × 55–60 cm angebracht. Das im oberen Drittel der Vorderwand anzubringende Schlupfloch sollte für kleinere Arten etwa 11 cm Durchmesser haben, für größere etwa 15 cm. Nistkästen aus ausgebohrten Stammstücken kommen bei Kakadus nur für die kleinsten Arten in Betracht. Ihr Innendurchmesser sollte mindestens 25 cm und ihre Höhe 30 cm betragen. Ein aufklappbares Dach und eine seitliche Beobachtungsluke sind wünschenswert. Ein schräg an die Kastenwand genageltes kräftiges Aststück erleichtert den Vögeln den Einstieg in den Kasten.

Keine Art der »weißen Kakadus« verwendet Nistmaterial. Bei wildlebenden Vögeln liegen die Eier auf den mehr oder weniger vermulmten Holzresten, die den Boden einer natür-

Nistkästen für Kakadus.
W. Weiß

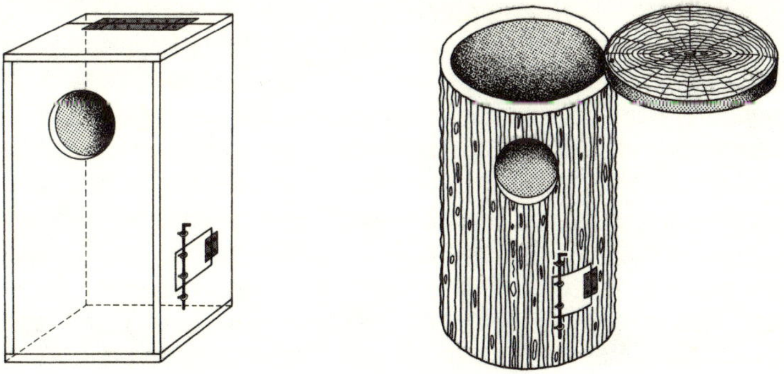

lichen Baumhöhle bilden. Als Einlage für den Nistkasten verwendet man am besten das feuchtigkeitsbewahrende Material aus dem Innern vermodernder Baumstämme. Häufig nimmt man auch ein Gemisch von kurzen Hobelspänen (Maschinenspänen) oder groben Sägespänen und Torf, das jedoch sehr schnell austrocknet. Halbvermodertes Holz läßt sich leicht von einem Waldspaziergang mit heimbringen und ist in jedem Fall vorzuziehen. Rosenkakadus verwenden zuweilen noch anderes Nistmaterial wie z.B. Rinden- oder Baststücke, dünne Zweigenden und ähnliches, das sie in den Nistkasten eintragen.

Balz- und Brutverhalten

Die den Paarungen vorangehenden Balzspiele sind bei den meisten Kakaduarten nur wenig ausgeprägt. Auffällig, besonders bei neu zusammengesetzten Paaren, ist, daß sie viel und oft auch laut schreien, daß sie unruhig sind und nicht selten ganz besonders eifrig nagen – und das meist am Nistkasten. Denkbar ist, daß dies eine Ersatzhandlung für die in der Natur meist notwendige Erweiterung der Bruthöhle ist. Besonders eifriges gegenseitiges Putzen, aber auch Imponierverhalten mit Verbeugungen, bei denen die Federhaube aufgerichtet wird, kann häufig beobachtet werden. Bei schon länger verpaarten Vögeln sind die Verhaltensweisen oft nur angedeutet oder fallen sogar vollständig fort, besonders wenn sie schon früher gebrütet haben. Erst wenn man die Paarung beobachten kann, merkt man, daß etwas im Gange ist. Bei der Paarung nimmt das Weibchen anfangs eine verhaltenstypische Paarungsstellung ein. Dabei sitzt es etwas geduckt und vollständig still, lediglich die gesenkten Flügelspitzen führen zitternde Bewegungen aus. Da die eigentliche Paarung, der sogenannte Tretakt, bei Kakadus verhältnismäßig lang ist und nicht selten mehrere Minuten dauert, sind die Paarungen kaum zu übersehen. Dieser Vorgang wiederholt sich auf dem Höhepunkt der Paarungsperiode im Laufe des Tages häufiger.

Die Eier werden meist über mehrere Tage verteilt gelegt, da aber die Vögel in der Regel nach der Ablage des ersten Eies mit dem Brutgeschäft beginnen, schlüpfen auch die Jungvögel in entsprechenden Abständen. Dies erklärt die für alle Papageien typischen Größenunterschiede, die man besonders während der ersten Entwicklungswochen bei allen mehrere Jungvögel umfassenden Gelegen beobachten kann. Kleinere Arten legen in der Regel jeden zweiten, größere jeden vierten Tag ein Ei. Gelegt werden bei den kleineren Arten meist 3–4, bei den größeren 2 Eier. Dies ist jedoch lediglich eine Regel, von der viele Ausnahmen vorkommen können. Besonders bei Rosenkakadus, aber auch bei Inkakakadus sind schon häufiger Gelege mit bis zu 6 Eiern bekannt geworden.

Die Brutdauer beträgt bei den kleineren Arten 22–24 Tage, bei den größeren 26–30 Tage. Meist brüten bei Kakadus beide Eltern, und die Partner teilen in der Regel das Brutgeschäft so unter sich auf, daß die Männchen am Tage und die Weibchen während der Nacht auf den Eiern liegen. Es kommen aber auch häufigere Brutablösungen vor, und zumindest bei gewissen Paaren brütet das Weibchen während der ersten Bruttage allein und wird während dieser Zeit vom Männchen gefüttert.

Die Kinderstube

Die geschlüpften Jungvögel werden zunächst vom Weibchen und etwas später von beiden Eltern aus dem

Kakadus halten ihr Futter äußerst manierlich in einem Fuß. M. Golte-Bechtle

Kropf gefüttert. Eine besondere Sorte Aufzuchtfutter ist nicht notwendig, vorausgesetzt, daß sehr vielseitig gefüttert wird – was während jedes Zuchtversuches eine Selbstverständlichkeit sein sollte. Also neben dem üblichen Futter viel hygienisch einwandfreies Keimfutter, Obst und Grünfutter reichen. Von manchen Paaren werden zu dieser Zeit auch gerne gequollene Erbsen und frischer Mais – den man ja tiefgefrieren kann – gefressen. Die Entwicklungszeit junger Kakadus erstreckt sich über einen längeren Zeitraum, und je nach Art dauert es zwischen 50–90 Tagen, bis die Jungen den Nistkasten verlassen können. Außer von der Art kann die Entwicklungsdauer innerhalb gewisser Grenzen noch von der Anzahl der Jungvögel abhängig sein. Ein ein-

zelner Jungvogel wächst natürlich etwas schneller, als wenn er die Nahrung mit mehreren Geschwistern teilen muß.
Bei größeren Gelegen ist es nicht selten, daß die kleinsten Jungvögel verhungern. In der Natur sind offenbar solche Dritt- oder Viertеier lediglich eine Rückversicherung für unbefruchtete Eier oder für Eier, die während des Brutgeschäftes beschädigt werden. Bei der Zucht in menschlicher Obhut kann man solche Jungvögel mitunter durch künstliche Aufzucht retten.
Nach dem Ausfliegen werden die Jungvögel noch recht lange von den Eltern aus dem Kropf gefüttert. Selbständig werden von den Jungvögeln zunächst meist weichere Futterstoffe oder Keimfutter angenommen. Bei aufeinanderfolgenden Bruten, wie sie z.B. bei Rosenkakadus vorkommen können, füttert dann das Männchen allein einige Zeit weiter.

Einige Ratschläge!

Was ist nun für den Pfleger während der Brutperiode besonders zu beachten? Die erste Regel ist, Störungen tunlichst zu vermeiden. Besonders bei etwas nervösen Vögeln sollte man während dieser Zeit lieber »den Dreck wachsen« lassen. Wichtig ist auch, besonders in Innenräumen, die Einhaltung einer gewissen Luftfeuchtigkeit, die 60% nie unterschreiten sollte. Die meisten Kakadus tragen jedoch selbst mit dazu bei, die notwendige Feuchtigkeit in der Bruthöhle zu sichern. Besonders in den letzten Tagen vor dem Schlüpfen der Eier baden die Weibchen meist ausgiebig, um so anschließend Feuchtigkeit in den Nistkasten einzutragen. Dieses Verhalten ist streng an diese kurze Periode gebunden, zu anderen Zeiten genügt es den Vögeln, abgeregnet oder abgeduscht zu werden. Stellen Sie also Ihrem »Brutpaar« eine Badegelegenheit zur Verfügung.
Erwähnt sei schließlich noch, daß brütende Vögel auch dem vertrauten Pfleger gegenüber aggressiv werden können. Man sollte sich zu dieser Zeit nicht unbedingt auf die gewohnte pazifistische Einstellung der größeren Arten verlassen.

Erkrankungen

Besonders dem Neuling in der Vogelpflege ist anzuraten, die Behandlung eventueller Erkrankungen dem Fachmann zu überlassen. Pflegt man Vögel, ganz gleich welcher Art, sollte man immer zunächst feststellen, wo man im Bedarfsfalle tierärztliche Hilfe erhalten kann. Es ist nämlich nicht so, daß man mit einem kranken Vogel einfach zum nächsten Tierarzt gehen kann. Durchaus nicht jeder Tierarzt ist auf die Behandlung kranker Papageien eingestellt, und ausgesprochene Vogelspezialisten sind nicht so häufig. Meist kann man jedoch beim nächsten Tierarzt erfragen, wo man einen auf Vögel spezialisierten Kollegen finden kann.

Sollte ein tierärztlicher Besuch notwendig sein, so ist es zweckmäßig, vorher das Gewicht des Patienten festzustellen. Eine genaue Gewichtsangabe erleichtert die Mengenberechnung bei der Dosierung von Medikamenten.

Einmal richtig eingewöhnte Kakadus sind keineswegs empfindliche Pfleglinge. Ernsthaftere Erkrankungen sind bei eingewöhnten und an unser Klima angepaßten Vögeln ausgesprochen selten. Für die erfolgreiche Behandlung einer Erkrankung ist jedoch ihre »Früherkennung« äußerst wichtig, und daher sollte man immer auf Veränderungen im Verhalten seines Vogels achten. Veränderungen im gewohnten Verhalten können erste Anzeichen einer Erkrankung sein.

Im folgenden Text sind die häufigsten bei Kakadus auftretenden Erkrankungen aufgeführt.

Erste Maßnahmen: Als erste Maßnahme bei einer vermuteten Erkrankung ist der betreffende Vogel warm zu setzen. Wärme ist bei Vögeln eine bewährte Hauskur, die bei Erkältungserscheinungen wie Schnupfen ihre Wirkung nicht verfehlt. Eine über dem Käfig angebrachte Wärmelampe erhöht die Temperatur auf 35–40° C. Dabei muß der Vogel jedoch jederzeit die Möglichkeit haben, den direkten Strahlungsbereich der Lampe zu verlassen. Ein Zusatz von Vitamin B zum Futter (oder im Trinkwasser) ist bei allen Erkrankungen anzuraten.

Erkältungserscheinungen: Sollte ein Schnupfen länger anhalten oder gar von einer Entzündung der Augenlider begleitet sein, sollte man unbedingt einen Tierarzt zu Rate ziehen. Meist sind zwar derartige Entzündungen durch Zugluft ausgelöste allgemeine Bakterieninfektionen, bei denen mitunter auch Mangel an Vitamin A eine Ursache sein kann, aber beson-

ders bei neuimportierten Vögeln können derartige Entzündungen auch im Zusammenhang mit Ornithoseinfektionen auftreten. In jedem Fall ist es wichtig, daß eine Behandlung mit Antibiotika schnellstens eingesetzt wird. Augenentzündungen sind zusätzlich immer lokal mit Antibiotika-Augensalbe zu behandeln.

Durchfall bei neuerworbenen Vögeln ist meist durch Streß bedingt. Auch abrupte Kostwechsel können Durchfälle auslösen. Derartige Durchfälle lassen sich leicht durch ein paar Tage Reisdiät beheben. Während der Behandlung erhält der Vogel ausschließlich gekochten Reis und Trinkwasser. Anhaltende Durchfälle sind immer ein Anlaß, den Tierarzt zu Rate zu ziehen.

Salmonellen: Besonders bei der Haltung in Freilandvolieren können Infektionen durch Salmonellen vorkommen, bei denen meist Wildvögel (oder auch Mäuse oder Ratten) als Überträger in Frage kommen. Bei im Haus gehaltenen Kakadus kommen derartige Infektionen kaum vor. Bei einer vermuteten Salmonella-Infektion ist eine sichere Diagnose nur durch Untersuchung von Kotproben möglich. Die Behandlung erfolgt nach Verordnung des Tierarztes mit Tetracyclinen oder Chloramphenicol.

Wurmbefall ist bei im Freien gehaltenen Vögeln (und auch bei Neuimporten) nicht ungewöhnlich. Haarwürmer können dabei auch von anderen Vögeln übertragen werden. Besteht Verdacht auf Wurmbefall, so sollte zunächst eine Kotprobe zur parasitologischen Untersuchung an ein veterinärmedizinisches Laboratorium eingesandt werden, dessen Anschrift man bei jedem Tierarzt erfragen kann. Zeigt das Ergebnis der Untersuchung einen Wurmbefall an, so erfolgt die Wurmkur nach Verordnung des Tierarztes. Dabei sind (je nach Art des Wurmbefalls) oft mehrmalige Behandlungen innerhalb vorgeschriebener Zeitabstände notwendig.

Mauser ist keine Krankheit, sondern ein vollständig normaler Vorgang, bei dem alte Federn durch neue ersetzt werden. Während die meisten Vögel während bestimmter, hormonell gesteuerter Perioden ein- oder auch zweimal im Jahr ihre Federn wechseln, erfolgt bei allen Papageien der Federwechsel mehr oder weniger gleichmäßig über das ganze Jahr verteilt. Zuweilen kann man jedoch bei manchen Kakadus auch einen stärkeren Federwechsel beobachten, besonders bei brütenden Vögeln.

Mauserstörungen, die sich in einer unzureichenden Ausbildung neuer Federn oder auch durch die Bildung »verkrüppelter« Federn äußern, können durch Mangel an tierischem Ei-

weiß bedingt sein. Treten derartige Störungen auf, so ist gezielte Zusatzfütterung mit tierischem Eiweiß, Vitaminen (viel Obst und Grünfutter) und Mineralstoffen angebracht.

Haut- und Federparasiten: Haut- und Federparasiten können ebenfalls Ursache von Gefiederschäden sein. Diese Ektoparasiten sind zwar nicht sonderlich häufig, doch kommen Federlinge *(Mallophagen)* zuweilen bei Kakadus vor. Zur Behandlung von Ektoparasiten sollten grundsätzlich nur reine Pyrethrumpräparate verwendet werden. Im Zweifelsfall sollte man den Tierarzt um Rat fragen, welchen Insektenpuder man anwenden darf.

Vitaminmangelerkrankungen sind bei Vögeln, die eine vielseitig zusammengesetzte Kost erhalten — und diese auch wirklich fressen —, kaum zu befürchten. Bei allen Vögeln jedoch, die nur ganz bestimmte Futterstoffe annehmen, ist ein laufender Zusatz eines Multivitaminpräparates im Trinkwasser ratsam.

Ein besonderes Augenmerk sollte man bei der Vogelpflege auf Symptome richten, die einen akuten Mangel an B-Vitaminen anzeigen. Bei allen überwiegend von Sämereien lebenden Vögeln kann akuter Vitamin-B-Mangel auftreten, wenn zu lange gelagerte Sämereien mit hohem Kohlehydratgehalt verfüttert werden. Da die Qualität solcher Sämereien — abgesehen vom Vitaminmangel — kaum beeinträchtigt ist, lassen sie sich beim Einkauf nicht von frischen Sämereien unterscheiden. Werden nun solche Sämereien von Vögeln gefressen, die neben diesen Körnern eine vielseitige Nahrung aufnehmen, so ist der Vitaminmangel in den Sämereien bedeutungslos. Bei einem einseitig ernährten Vogel aber kann akuter Vitamin-B-Mangel schnell zum Tode führen.

Vitamin-B-Mangel zeigt sich bei Vögeln durch schlechte Koordination ihrer Bewegungen und in schweren Fällen in Gleichgewichtsstörungen. Bei solchen Erscheinungen sollten unmittelbar große Mengen B-Vitamine entweder in flüssiger Form in den Kropf oder auch als Injektion intramuskulär gegeben werden. Sollte die Ursache der Gleichgewichtsstörung eine andere sein, so ist durch die Vitamingabe kein Schaden entstanden.

Federfressen und Federrupfen ist entgegen vielen Vermutungen keine Mangelkrankheit, sondern eine psychisch bedingte Erscheinung. Bei Kakadus ist sie nicht sonderlich häufig, kann aber bei einzeln gehaltenen Vögeln vorkommen. Betroffene Vögel zupfen sich entweder die Federn aus oder beißen sie ab. Nach und nach entstehen so kahle Flecken im Bauch-

und Brustgefieder. Es kann äußerst schwierig sein, einem federrupfenden Vogel seine Untugend abzugewöhnen. Meist führt aber eine grundlegende Veränderung seiner Lebensumstände zum Ziel. Dabei ist vor allen Dingen die Gesellschaft von Artgenossen eine große Hilfe.

Der in diesem Büchlein zur Verfügung stehende Platz erlaubt keine ausführlichere Behandlung von Vogelkrankheiten, und Interessenten seien auf die weiterführende Literatur verwiesen. Zwei Erkrankungen, die jeder Papageienbesitzer kennen sollte, seien hier jedoch noch kurz behandelt:

Ornithose, etwas mißverständlich meist als Papageienkrankheit bezeichnet, wird durch Mikroorganismen verursacht, die heute unter dem Namen *Chlamydia ornithosis* zu den Bakterien gezählt werden. Diese Erkrankung hat keinen typischen Verlauf, und die Symptome können recht unterschiedlich sein. Schnupfen, Niesen und Augenentzündungen wurden bereits erwähnt, und nicht selten tritt gleichzeitig ein schleimig-grüner Durchfall auf. Befallene Vögel sind apathisch, schlafen viel und plustern die Federn auf. Oft ist die Atmung deutlich hörbar. Die Ansteckung erfolgt teilweise durch trockenen Kot in Staubform oder beim Niesen als Tröpfcheninfektion. Eine sichere Diagnose ist nur mit Hilfe einer serologischen Blutuntersuchung möglich. Da diese zeitraubend ist, erfolgt eine Behandlung mit bestimmten Antibiotika (Tetracyclinen) auf den bloßen Verdacht hin. Es ist wichtig zu wissen, daß auch gesund erscheinende Vögel Krankheitsträger sein können und daß diese Krankheit durchaus nicht nur bei Papageien vorkommt. Die gegen diese Krankheit während der Quarantäneperiode durchgeführte vorbeugende Behandlung ist keine 100%ige Garantie dafür, daß ordnungsgemäß quarantänierte Vögel frei von Ornithose sind.
Heute überleben rechtzeitig behandelte Vögel zum größten Teil. Bei nicht – oder ungenügend – fressenden Vögeln können Tetracycline gespritzt werden.
Grundkenntnisse über diese Krankheit sind aus zwei Gründen wichtig:

> Ornithose kann auf den Menschen übertragen werden. Jeder Vogelpfleger sollte bei Erkrankungen der Luftwege den behandelnden Arzt immer auf die Möglichkeit einer Ornithoseinfektion aufmerksam machen.

Beim Menschen äußert sich diese Erkrankung meist als Infektion der Luft-

wege mit grippeähnlichen Symptomen oder als Lungen- bzw. Lungensackinfektion, oft in Verbindung mit hohem Fieber. Bei der Behandlung ist die Wahl des richtigen Antibiotikums wichtig, da manche von ihnen — z.B. Penicillin — keine Wirkung haben.

Der Umstand, daß diese Erkrankung auch andere Vögel befällt, schließt auch eine Infektionsübertragung durch Wildvögel nicht aus, z.B. wenn Sperlinge durch grobe Gittermaschen in die Voliere gelangen können oder Kot von Wildvögeln in die Voliere fallen kann. Mehrere Infektionsfälle durch Wildvögel sind in der Praxis bekannt.

Aspergillose: Eine weitere äußerst tückische Erkrankung ist die Aspergillose, die zum Glück bei Kakadus ziemlich selten ist. Verursacht wird diese Erkrankung durch weitverbreitete und überall vorkommende Schimmelpilze der Gattung *Aspergillus.* Gesunde Vögel werden kaum befallen, und Infektionen durch diese Pilze kommen fast nur bei Vögeln vor, die anderweitig geschwächt sind. Bei einer Infektion dringen die Sporen dieser Pilze in die Atmungsorgane (Luftwege, Lunge und Luftsäcke) ein und beginnen dort zu wachsen.

Ein Verdacht auf Aspergillose liegt immer dann vor, wenn bei einer Infektion der Atmungsorgane eine Antibiotikakur ohne Erfolg bleibt. Früher stand man dieser Krankheit machtlos gegenüber, heute kann man sie mit Erfolg behandeln. Die recht aufwendige Behandlung erfolgt mit dem Spezialpräparat Daktarin® (Janssen), das über einen Zeitraum von mindestens 20 Tagen täglich gespritzt werden muß. Die Dosierung beträgt bei intramuskulären Injektionen täglich je nach Größe des Vogels 0,5—0,8 ml.

Vergiftungen durch verdorbenes Futter wie ranzige Nüsse, Sonnenblumenkerne usw. beugt man durch Aufmerksamkeit beim Einkauf leicht vor. Da auch viele Schimmelpilze giftige Stoffe bilden können, ist auch auf Schimmelschäden beim Futtereinkauf zu achten. Körnerfutter, das nicht genügend trocken gelagert wird, kann Schimmelschäden aufweisen. Auf die Notwendigkeit guter Hygiene bei der Bereitung von Keimfutter zur Vermeidung von Schimmelbildung wurde bereits verwiesen.

Äußerst giftig sind auch Bittermandeln, die Blausäure enthalten. Von der gewöhnlichen Süßmandel unterscheidet sich die Bittermandel durch ihren bitteren Geschmack und ihre nur etwa halbe Größe.

Medikamente: Zu verabreichende Medikamente »verpackt« man am besten im Lieblingsfutter, oder man gibt sie ins Trinkwasser. Im letzteren

Fall darf kein Grünfutter und kein Obst gereicht werden, da sonst kaum getrunken wird. Müssen Arzneimittel eingegeben werden, so soll der Vogel in seiner natürlichen Sitzstellung gehalten werden. Vom Tierarzt können Medikamente notfalls auch mit einer Kropfsonde direkt in den Kropf gegeben werden.

> Alle Medikamente und Wurmmittel sollten grundsätzlich nur in der vom Tierarzt verordneten Menge und Form gereicht werden. Begonnene Antibiotikakuren müssen über den verordneten Zeitraum erfolgen und dürfen nicht vorzeitig abgebrochen werden!

Gefahren in der Wohnung

Läßt man einen Kakadu in der Wohnung frei, so ist natürlich auch auf all die Dinge zu achten, die z.B. Kleinkindern gefährlich werden können. Laugen, Lösungsmittel, Waschpulver, Insektenbekämpfungsmittel usw. dürfen nicht frei herumstehen. Abgesehen davon, daß die Verbindung Kakadu-Zimmerpflanzen kaum eine gute Kombination darstellt, ist auch zu beachten, daß unter unseren Zimmerpflanzen eine Anzahl giftiger Arten vorkommt. Als besonders giftig seien hier von den Zimmerpflanzen Porzellanblume *(Hoya carnosa)*, Oleander *(Nerium oleander)*, Brechnußbaum *(Strychnus nux-vomica)* und alle Arten der Gattung *Dieffenbachia* genannt. Auch im Hausgarten sollte man auf giftige Büsche und Stauden achten. Hier seien besonders Goldregen *(Laburnum anagyroides)*, Waldrebe *(Clematis)* sowie alle Akaziengewächse *(Robinia)* und Eiben *(Taxus)* genannt.
Auf die Gefährlichkeit elektrischer Leitungen wurde bei der Beschreibung des Volierenbaues schon verwiesen. Natürlich muß man auch an die elektrischen Leitungen im Wohnraum denken, wenn man einen Kakadu frei in der Wohnung hält. Auch wenn die Gefahr gering ist, daß sich ein Kakadu an einer beschädigten Leitung einen elektrischen Schlag holt, da sein Hornschnabel keinen und seine trockene Zunge nur bedingt Strom leitet, so stellen doch beschädigte Leitungen eine Gefahrenquelle (Brandgefahr!) für Ihre Wohnung dar.
Schließlich sei noch darauf hingewiesen, daß Kakadus — wie Vögel überhaupt — äußerst empfindlich auf Abdünstungen von Lösungsmitteln, Farbverdünnungen usw. reagieren. Bei Anstreicherarbeiten und ähnlichem sollte man sie unbedingt ausquartieren.